Wissenschaft und Pseudowissenschaft

PHILOSOPHISCHE GRUNDLAGEN DER WISSENSCHAFTEN UND IHRER ANWENDUNGEN

PHILOSOPHICAL FOUNDATIONS OF THE SCIENCES AND THEIR APPLICATIONS

Herausgegeben von / Edited by Gerhard Schurz

Bd. / Vol. 3

PETER LANG
EDITION

Alexander Christian

Wissenschaft und Pseudowissenschaft

Ein Beitrag zum Demarkationsproblem

PETER LANG
EDITION

Bibliografische Information der Deutschen Nationalbibliothek
Die Deutsche Nationalbibliothek verzeichnet diese Publikation in der Deutschen Nationalbibliografie; detaillierte bibliografische Daten sind im Internet über http://dnb.d-nb.de abrufbar.

Umschlaggestaltung:
© Olaf Gloeckler, Atelier Platen, Friedberg

Gedruckt auf alterungsbeständigem,
säurefreiem Papier.

ISSN 2191-3706
ISBN 978-3-631-64426-3

Peter Lang Edition ist ein Imprint der Peter Lang GmbH.

Peter Lang – Frankfurt am Main · Berlin · Bruxelles · New York · Oxford · Wien · Warszawa

www.peterlang.de

Ferox impatiensque natura irritamenta nociturae libertatis euitet. Considerandum est utrum natura tua agendis rebus an otioso studio contemplationique aptior sit, et eo inclinandum quote uis ingenii feret [...]. (Eine cholerische und leidenschaftliche Natur sollte die Erregung Schaden stiftenden Freimutes meiden. Zu bedenken ist, ob dein Wesen zu tätigen Leben oder mußevollen Studien und Betrachtungen befähigt ist, und die Richtung musst du einschlagen, in die dich die Kraft deiner Begabung trägt [...].)

Seneca, *de tranquillitate animi*, 3-4.

Studium philosophiae non est ad hoc quod sciatur quid homines senserint sed qualiter se habeat veritas rerum. (Das Studium der Philosophie hat seinen Sinn nicht darin zu wissen, was die Menschen gedacht haben, sondern wie es sich mit der Wahrheit der Dinge verhält.)

Thomas von Aquin, *in de caelo* I, 22 [228].

Danksagung

An dieser Stelle möchte ich all denjenigen danken, die mich im Philosophiestudium und bei der Anfertigung dieser Arbeit unterstützt haben.

An erster Stelle bin ich Herrn Prof. Dr. Gerhard Schurz und Herrn Prof. Dr. Christoph Kann zu Dank verpflichtet. Ohne ihre Hilfe, die fachlicher und menschlicher Art war, hätte ich mein Studium nicht beenden können.

Frauke Albersmeier B.A. danke ich für die viele Gespräche über Tierethik und die gemeinsamen Konferenzbesuche. Sie hat außerdem die vorliegende Textfassung auf orthographische Fehler durchgesehen.

Veronika Linke danke ich ebenfalls für viele nette Gespräche im Sekretariat.

Meinen Eltern Annemarie und Kurt Christian verdanke ich ein ausgedehntes Studium ohne finanzielle Sorgen. Sie standen mir zudem in schweren Zeiten bei, als mich philosophische Fragen existenziell berührten.

Ihnen sei diese Arbeit gewidmet.

Inhaltsverzeichnis

Einleitung

„Wissenschaftstheorie, die praktische Bedeutung erlangen will, muss sich dem Abgrenzungsproblem stellen.“[1]

Sollte im Biologieunterricht die biblische Schöpfungslehre unterrichtet werden? Über zwei Jahrtausende war doch die kulturelle Entwicklung der westlichen Welt von den religiösen Vorstellungen des Christentums geprägt. Viele bedeutende Wissenschaftler wie Galileo Galilei oder Isaac Newton waren religiöse Menschen und auch manche Wissenschaftler der Gegenwart sprechen sich für einen liberalen Kreationismus aus. So etwa der Philosoph und Mathematiker William Dembski, der mit dem Konzept der spezifizierten Komplexität genauso für den Intelligent-Design-Kreationismus argumentiert wie der Biochemiker Michael Behe mit dem Konzept der nichtreduzierbaren Komplexität.[2] Sollten wir, wenn diese Wissenschaftler mutmaßlich berechtigte Kritikpunkte an der modernen Evolutionstheorie ausmachen, nicht auch ihre Überlegungen im Schulunterricht berücksichtigen?

Sollten wir Homöopathie als Therapiemöglichkeit für Krebspatienten vorschlagen? Es gibt schließlich Mediziner, die langjährige Erfahrung mit homöopathischen Therapien gemacht haben. Sie begreifen die Homöopathie als eine moderne Heilmethode, die den Menschen von den mechanistischen Denkstrukturen der Physik des vorletzten Jahrhundert befreit, ihn als ein ganzheitliches Wesen begreift und damit der klinischen Medizin zumindest eine komplementäre Heilweise zur Seite stellen.[3] Aber zahlreiche Kritiker begreifen die Homöopathie als eine paranormale, alternative Heilweise, deren so genannte »Heilmittel« als Placebos zu betrachten sind, die bei stark potenzierten Homöopathika wirkstoff- und damit arzneimittelfrei sind.[4]

Sollten wir Horoskopen Glauben schenken? Astrologie und Astronomie waren schließlich nicht immer voneinander getrennt und die Fürsprecher der Astrologie reichen von Johannes Kepler bis zu Johann Wolfgang von Goethe. Horoskope sind in vielen Tageszeitung zu finden und Astrologen begleiten Menschen durch den Alltag und durch Lebenskrisen. Sie geben ihnen damit Orientierung und

1 Zit. Schurz (2006), S. 44.

2 Vgl. Dembski (1998a) und Behe (1996 / 2006).

3 Gebhardt (1991), S. 81.

4 Ariëns (1991), S. 83 und S. 91.

Kraft, um mit Schicksalsschlägen umzugehen.[5] Aber kann Astrologie als Lebensberatung, die sich kognitiver Einwände entzieht, wenn ihre Anhänger nicht Erkenntnis, sondern Religionsersatz suchen, wirklich ein Garant für den Erkenntnisanspruch der astrologischen Theorien sein?[6] Vielleicht ist die Astrologie auch in einem vorwissenschaftlichem Stadium und eher einem praktischen Wissen, wie dem Wissen um den Anbau von Wein, ähnlich.[7] Diese Fragen verdeutlichen, dass die begründete Unterscheidung von Wissenschaft und Pseudowissenschaft eine praktische Bedeutung für unser soziales und politisches Handeln hat. Wir können diese Fragen nicht einfach ignorieren, denn Wissenschaftstheoretiker und Wissenschaftler stehen in der Verantwortung, wenn es um die Bewertung des wissenschaftlichen Status von Theorien geht, die mit dem Anspruch auf Wissenschaftlichkeit vertreten werden.[8]

Eingrenzung des Themas

Zur Eingrenzung des Themas benötigen wir eine untersuchungsleitende Fragestellung und daran orientierter Erkenntnisansprüche. Dazu muss festgestellt werden, dass es nicht eine Abgrenzungs- oder Demarkationsfrage in der Philosophie und insbesondere der Wissenschaftstheorie gibt.[9] Vielmehr gibt es ein Bündel von Fragestellungen, deren philosophischer Ursprung in der epistemologischen Frage nach dem Wesen der Wahrheit zu sehen ist. Wird in der Wissenschaftstheorie von einem »Abgrenzungs- oder Demarkationsproblem« gesprochen, wird darunter die Frage nach der Möglichkeit der Unterscheidung von Wissenschaft und Pseudowissenschaft verstanden. Diesbezüglich wurden verschiedene Ansätze diskutiert, welche die Unterscheidung anhand eines oder mehrerer Kriterien – sog. Demarkationskriterien – ermöglichen sollten. Dem Anspruch nach zeichneten diese Ansätze mehr oder weniger adäquate Grundlinien der Wissenschaft, um diese allgemeine wissenschaftsextern-normative Abgrenzungsfrage zu beantworten:

F Wie kann Wissenschaft von Pseudowissenschaft unterschieden werden?

F zielt auf eine normative Theorie ab, insofern »Pseudowissenschaft« eine negative Wertung impliziert. Zu unterscheiden ist F von verwandten Abgrenzungsfragen, die beispielsweise wissenschaftsintern und normativ nach der Unterscheidung

5 Kanitscheider (1991b), S. 185f.
6 Kanitscheider (1991a), S. 161.
7 Niehenke (1991), S. 175.
8 Vgl. Branch / Fetzer (2011), S. 171.
9 Siehe 1.1. und 1.2.

von guter und schlechter Wissenschaft oder wissenschaftsextern-deskriptiv nach der Unterscheidung von Wissenschaft und anderen Kulturbereichen fragen.

Relevanz der Fragestellung

Inwiefern ist F von philosophischer oder praktischer Relevanz? Könnte man Pseudowissenschaften nicht einfach als Unsinn abtun und sich den etablierten Wissenschaften zuwenden? Terence Hines, der mit Pseudoscience and the Paranormal eine detaillierte Studie über eine Vielzahl von Pseudowissenschaften und deren kognitive Defizite vorgelegt hat, nennt im Wesentlichen vier Gründe, warum man sich mit pseudowissenschaftlichen Behauptungen beschäftigen sollte.[10]

Pseudowissenschaftliche Behauptungen, so abwegig sie auch klingen mögen, könnten wahr sein und neue Erkenntnisse über die Welt beinhalten. So existieren historische Evidenzen für Behauptungen, die zunächst als pseudowissenschaftlich abgetan wurden und sich im Lichte neuer Erkenntnisse bewahrheiteten. Hines verweist hierzu auf die Annahme, dass Steine vom Himmel fallen könnten, womit Meteoriten gemeint sind. Bis ins 18. Jahrhundert wurde der Glaube an dieses Naturphänomen, das heute nicht ernsthaft bestritten wird, als ein absurder Irrglaube behandelt. Gleiches kann von Hypnose und Akupunktur behauptet werden.[11] Würden wir Behauptungen, die prima facie pseudowissenschaftlicher scheinen, vorzeitig als Unsinn abtun, dann könnten wir damit – in seltenen Fällen, wie sich noch zeigen wird – neue Erkenntnisse unterdrücken und uns ebenso dogmatisch und intolerant verhalten wie wir es mitunter bei Pseudowissenschaftlern kritisieren.

Umgekehrt ist es auch möglich, dass pseudowissenschaftliche Behauptungen falsch sind, womit wir wohl eher rechnen. In Anbetracht der Tatsache, dass der Markt für bestimmte Pseudowissenschaften, beispielsweise Wahrsagerei (Astrologie, Legen von Tarotkarten usw.) oder alternativer Medizin (Homöopathie, Heilen durch Handauflegen usw.) sehr groß ist, besteht ganz offensichtlich ein berechtigtes Interesse der Öffentlichkeit, über Aussagekraft und Wirksamkeit solcher Praktiken informiert zu werden. Würde im Fall der Astrologie noch das Argument naheliegen, dass es sich eben um eine Art der Lebensberatung handelt, sieht die Sache im Bereich der alternativen Medizin schon anders aus.[12] Steht die Wirksamkeit von Homöopathika auf dem Prüfstand, so obliegt es Wissenschaftstheoretikern und Fachwissenschaftlern, begründete Bewertungen vorzunehmen, die potentielle Konsumenten genauso schützten wie die Steuerzahler, die das Gesundheitssystem finanzieren.

---

10 Hines (2003), S. 34 f.

11 Hines (2003), S. 35.

12 Hansson (2008), S. 2.

Zudem ist es potentielles menschliches Leid, das es zu verhindern gilt.

> "The quacks' and charlatans' vitctims are most likely to be those least able to defend themselves – the desperate, the elderly, and the poor."[13]

Es könnte das Argument vorgebracht werden, dass die Problematik der Wunderheiler Ausnahmefälle betreffen würde, die einen Seltenheitswert in einem sonst gut funktionierenden Gesundheitssystem haben. Dies ist nicht angemessen: Man führe sich nur die teilweise von den Amtskirchen institutionell legitimierten Wallfahrtsorte vor Augen. Die von der römisch-katholischen Kirche als Wunder angesehenen Heilungen in Lourdes stehen den negativen Ergebnissen der klassischen Homöopathen nicht nach. Diese ethische Motivation, sich mit pseudowissenschaftlichen und insbesondere pseudotechnologischen Lehren auseinanderzusetzen, die das Leid der Verzweifelten und Schutzlosen schamlos ausbeuten, steht wohl für die Mehrzahl der Wissenschaftler und Wissenschaftsphilosophen im Vordergrund.

Daneben nennt Hines noch einen psychologischen Grund, sich mit diesen Themen zu beschäftigen. So stellt sich an erster Stelle die Frage, warum viele Menschen pseudowissenschaftlichen Behauptungen überhaupt Glauben schenken. Geht es um die Wirksamkeit von Homöopathika, so könnte die auf der Hand liegende Antwort lauten, dass es sich dabei um Präparate handelt, die für einen Laien wie gewöhnliche Medikamente aussehen und zumindest vor dem Hintergrund intensiver Beratung durch den homöopathischen behandelnden Mediziner eine Placebowirkung entfalten. In anderen Fällen liegt eine solche Antwort nicht nahe. Warum glauben Menschen an eher exotische Varianten von Pseudowissenschaften wie Ufologie, Präastronautik oder Theorien um das Bermudadreieck? Es ist bemerkenswert, dass sich diese Pseudowissenschaften sehr hartnäckig halten und zum Kulturgut der westlichen Zivilisation gehören, das sich teilweise als nahezu aufklärungsresistent erwiesen hat. Hier liegt die psychologische Frage nahe, warum Anhänger dieser Lehren an ihren Überzeugungen festhalten, obwohl sie im Lichte rationaler Argumente derart kognitiv defizitär erscheinen, dass wir prima facie sofort dazu geneigt sind, sie als Unsinn abzutun. Man könnte den Eindruck gewinnen, dass solche psychologischen Fragen eher eine irrationale Haltung betreffen, die bei mehr oder weniger uninformierten Laien vorliegt. Tatsächlich zeigt gerade der moderne Kreationismus, dass bestimmte Varianten von Pseudowissenschaft, welche in diesem Fall mit dem evangelikalen Fundamentalismus assoziiert sind, auch unter Wissenschaftlern zu finden sind.[14]

---

13 Zit. Hines (2003), S. 36.

14 Hines (2003), S. 37 f. und Wilkins (2011), S. 207.

Es gibt also eine ganze Bandbreite an Gründen, sich mit den spezifischen Varianten von Pseudowissenschaften kritisch auseinanderzusetzen und vielleicht auch einen aufklärerischen Auftrag aus den Erkenntnissen dieser Kritik zu ziehen. In F wird aber nicht nach dem wissenschaftlichen Status einer bestimmten Pseudowissenschaft gefragt. Vielmehr wird die Möglichkeit der Unterscheidung von Wissenschaft und Pseudowissenschaft thematisiert. Somit ist F der Frage nach dem wissenschaftlichen Status einer bestimmten Theorie vorgelagert. Sie ist eine Frage der Erkenntnis- und Wissenschaftstheorie, deren Antwort auch von philosophischer Relevanz ist. Diese besteht erstens in der Differenzierung und definitorischen Präzisierung von Grundbegriffen der theoretischen Philosophie und Wissenschaftstheorie. Sprechen wir von »Wissenschaft« und korrespondierenden Antonymen, dann operieren wir mit einer klärungsbedürftigen Terminologie. Oft werden in der wissenschaftstheoretischen, -historischen und -soziologischen Literatur zu diesem Themenkreis die Wissenschaftsantonyme zwar in Abgrenzung von mehr oder weniger explizit gemachten Konzepten von »Wissenschaft« bestimmt, selbst aber synonym verwendet. Der terminologische Klärungsbedarf in diesem Zusammenhang ist enorm, was sich insbesondere darin zeigt, dass die pejorative Konnotation des Begriffs der Pseudowissenschaft für Kritiker wie Michael Hagner einer rational begründeten Unterscheidung von Wissenschaft und Pseudowissenschaft entgegensteht.[15] F ist zweitens von wissenschaftstheoretischer Relevanz, weil eine rationale Begründung der Unterscheidung von Wissenschaft und Pseudowissenschaft ein nützliches Instrument für die Kritik von Ideologien sein kann. Ein weiteres Problem ist hierbei in der Fehleinschätzung der Wirkung und Angemessenheit wissenschaftshistorischer und insbesondere relativistischer Kritik zu sehen, die ein exzessives Misstrauen gegenüber den Naturwissenschaften mit der legitimen und notwendigen Kritik an Ideologien verwechselt. Insbesondere in wissenschaftshistorischen Beiträgen ist zu beobachten, dass der Begriff der »Pseudowissenschaft« übervereinfachend als ein bloßer Demarkations- und Stigmatisierungsbegriff interpretiert wird. Die Beantwortung von F drängt somit gleich aus zwei Gründen: Einerseits ist eine Antwort auf F als ein Instrument der Ideologiekritik zu verstehen, andererseits würde eine Antwort mit den Vorbehalten von radikaler (relativistischer) Ideologiekritik aufräumen, die ihrerseits kritisches Potential verloren hat. Die Beantwortung von F ist drittens philosophisch relevant, weil gegenwärtig verschiedene wissenschaftstheoretische Fragestellungen offen sind oder in der Gemengelage emphatischer Kritik und philosophischer Auffassungen verborgen bleiben. So herrscht beispielsweise Uneinigkeit darüber, welche Art der Kritik gegenüber Pseudowissenschaften angebracht werden sollte. Manche Autoren fokussieren

15 Vgl. Hagner (2008), S. 32 f.

ihre Kritik auf bestimmte Varianten von Pseudowissenschaften, wie etwa Philipp Kitcher oder Michael Ruse auf den modernen Kreationismus. Andere Autoren gehen mit ihrer Kritik in die Breite und zeigen Ähnlichkeiten zwischen verschiedenen Pseudowissenschaften auf, wie etwa Terence Hines. Manche untermauern ihre Kritik an pseudowissenschaftlichen Theorien durch die Explikation philosophischer Annahmen, wie Gerhard Schurz oder Martin Mahner, und manche beschränken ihre Kritik auf die Perspektive eines Fachwissenschaftlers, wie Ulrich Kutschera oder Richard Dawkins im Fall des Intelligent Designs. Es herrscht außerdem Uneinigkeit darüber, welche Art von Instrumentarium entwickelt werden sollte, um F zu beantworten. Ist ein einzelnes Demarkationskriterium gesucht oder ein Bündel von Kriterien? Welche Anforderungen sind an eine Demarkationstheorie zu stellen? Was ist der Bewertungsgegenstand einer Demarkationstheorie, die Wissenschaft und Pseudowissenschaft unterscheiden soll? Viele Fragen könnten hier noch genannt werden.

Wie jede philosophische Frage ist auch F in eine komplizierte Debatte eingebettet. Wenn im Folgenden die zentralen Fragen klar unterschieden und hinsichtlich ihrer Antwortmöglichkeiten dargestellt wären, dann wäre dies bereits ein Erfolg.

Erkenntnisziele

In der vorliegenden Masterarbeit werden drei Erkenntnisziele verfolgt:

> Erstes Erkenntnisziel: Es sollen der systematische und der historische Hintergrund des Demarkationsproblems – das in Form der extern-normativen Abgrenzungsfrage F formuliert wurde – dargestellt und daraus funktionale Anforderungen an eine Demarkationstheorie D abgeleitet werden.
>
> Zweites Erkenntnisziel: Es sollen die Grundlinien von D formuliert und Ergebnisse der Bachelorarbeit revidiert werden.
>
> Drittes Erkenntnisziel: Es soll eine Anwendungsmöglichkeit von D und insbesondere der Bewertungsheuristik anhand der Frage nach dem wissenschaftlichen Status des Intelligent Design und der Untersuchung des Synthese-Vorfalls verdeutlicht werden.

Ich verfolge in der vorliegenden Masterarbeit zudem ein persönliches Erkenntnisinteresse, das in meiner Bachelorarbeit über *Kreationismus und Intelligent Design bei Philip Kitcher* und einem Vortrag unter dem Titel *Der wissenschaftliche Status des Intelligent Design angelegt* ist.[16] Darin setzte ich mich mit zwei Beiträgen von Philipp Kitcher über den modernen Kreationismus auseinander, nämlich *Abusing Science* und *Living with Darwin*. Ich vertrat in Abgrenzung zu

---

16 Vgl. Christian (2011a) und Christian (2011b).

Kitcher die Auffassung, dass der Intelligent-Design-Kreationismus als eine »Untote Wissenschaft« zu charakterisieren sei. Im Nachhinein bin ich sowohl mit der Abschlussarbeit als auch mit dem Vortrag unzufrieden, weswegen ich in der Masterarbeit berechtigte Kritikpunkte an ihr aufgreifen möchte.

Der argumentative Verlauf der Masterarbeit folgt den genannten Erkenntniszielen, wobei die ersten beiden Erkenntnisziele im theoretischen Teil und das dritte Erkenntnisziel im praktischen Teil verfolgt werden.

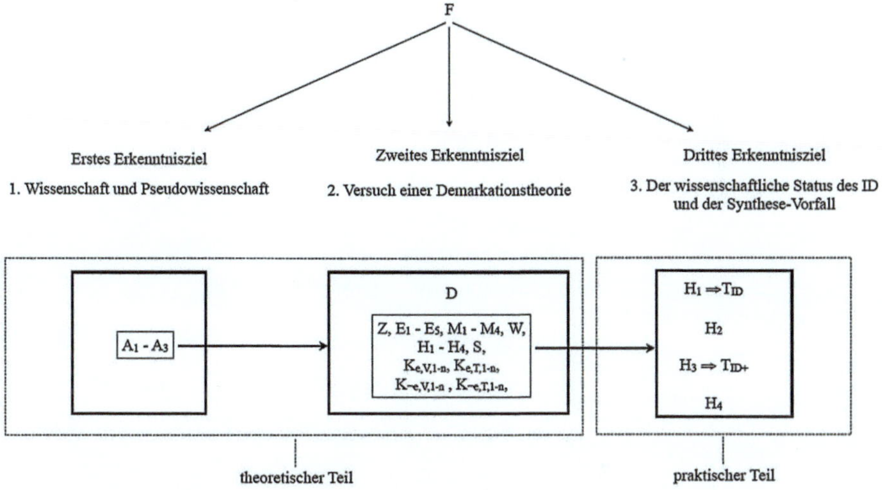

Abb. A. Argumentativer Verlauf der Masterarbeit

An verschiedenen Stellen dieser Untersuchung werde ich thematische Einschnitte vornehmen müssen, um den quantitativen Rahmen nicht vollends zu sprengen. Dies wird dann nicht aus mangelndem Interesse am Thema oder aus dem Unwillen heraus geschehen, anschließende Fragen zu erörtern. Ich werde dann begründen, warum die thematischen Einschnitte genau so erfolgt sind, wie sie erfolgt sind, und ich werde auf die Literatur hinweisen, in der die anschließenden Fragen besprochen werden. Zudem werde ich gegebenenfalls meine Intuitionen benennen, damit zumindest eine mögliche Argumentationsrichtung zu erkennen ist. So werde ich beispielsweise im Zusammenhang des Intelligent-Design-Kreationismus verfahren, der als Anwendungsfall für meinen Ansatz herhalten wird. Sowohl die adäquate Rekonstruktion des Intelligent Design als auch ihre Erweiterung werden unvollständig bleiben müssen. Ebenso werde ich im Zusammenhang der Kritik beider Rekonstruktionen nicht jeden Kritikpunkt ansprechen können. Ich habe diesbezüglich die Rechtfertigung vor Augen, dass insbesondere der praktische Teil der vorliegenden Untersuchung in erster Linie die

Anwendbarkeit meines Ansatzes verdeutlichen soll, weswegen er ohnehin in keiner Weise die umfassende Kritik derjenigen Autoren ersetzt, auf die ich dann hinweisen werde.[17]

---

17 Anmerkung zu Hervorhebungen: Zitate sind beidseitig vom Textverlauf abgesetzt. Um Anachronismen wie Aristoteles (2001) zu vermeiden, werde ich bei s. g. Klassikern die etablierten Standards der Zitation befolgen und bei jüngeren Autoren der Gegenwartsphilosophie nach dem Schema Name (Publikationsjahr), Seite. vorgehen. Kursiv hervorgehobene Textstellen deuten inhaltliche und »doppelte eckige Klammern« sprachliche Hervorhebungen an. In Zitaten sind meine inhaltlichen Anmerkungen oder Ergänzungen, die dem Lesefluss dienen, in deutscher Sprache und in [eckigen Klammern] gesetzt. In Zitaten wurden Abkürzungen angeglichen (»M1« zu »M_1« usw.). Titel sind kursiv gesetzt. Zentrale Annahmen wurden Großbuchstaben abgekürzt. In Fußnoten werden im Fall der Angabe von mehreren Publikation eines Autoren die Publikationen durch ein Komma getrennt (Autor (Jahr), (Jahr) usw.). Falls bei einem Autoren sowohl die englische als auch die deutschsprachige Publikation angegeben werden, wird dies durch einen Schrägstrich angezeigt (Autor (Jahr / Jahr), ebenso verfahre ich bei der Nennung von Erstausgaben, falls aus der jüngeren Ausgabe zitiert wird.

1. Wissenschaft und Pseudowissenschaft

Vorangestellt wurde die untersuchungsleitende Frage F, in der nach der Möglichkeit der Unterscheidung von Wissenschaft und Pseudowissenschaft gefragt wird. Um den systematischen und historischen Hintergrund dieser Frage zu klären und letztlich funktionale Anforderungen an eine Demarkationstheorie zu formulieren, benötigen wir eine Typologie von Abgrenzungsfragen und eine historische Übersicht über Lösungsvorschläge für das des Demarkationsproblem.

1.1 Eine Typologie von Abgrenzungsfragen

Vor dem Versuch, F durch die Formulierung einer Demarkationstheorie zu beantworten, benötigen wir eine Erklärung, inwiefern F als extern-normative Abgrenzungsfrage typisiert werden kann. Abgrenzungsfragen wie F sind wichtige wissenschaftsinterne oder -externe Anwendungen der allgemeinen Wissenschaftstheorie, deren Antworten eine wesentliche Grundlage für Entscheidungen in wissenschaftlichen oder nichtwissenschaftlichen Zusammenhängen sind.[18] Beim Demarkationsproblem, in dem es um die Unterscheidung von Wissenschaft und Pseudowissenschaft geht, handelt es sich um einen ganz bestimmten Typus von Abgrenzungsfragen, der von verwandten Fragestellungen unterschieden werden sollte. Um eine Typologie dieser Abgrenzungsfragen zu ermöglichen, wird im Folgenden ein grobes begriffliches Begriffsschema anhand von Beispielen entwickelt. Dieses Vorgehen ist unter anderem deshalb geboten, weil in der Wissenschaftstheorie verschiedene Antonyme (Gegenbegriffe) des Wissenschaftsbegriffs diskutiert werden, deren Gleichsetzung relevante Bedeutungsunterschiede einebnet. In den Publikationen zum Demarkationsproblem sind es zumeist die Adjektive »un-«, »nicht-« oder »pseudowissenschaftlich« und seltener die Substantive »Nicht-« und »Pseudowissenschaft«, die vom Wissenschaftsbegriff unterschieden werden.[19] Hinsichtlich dieser Sprachpraxis hat sich zwar die Einsicht

18 Vgl. Schurz (2006), S. 11 f.

19 Zudem gibt es mit »schlechte Wissenschaft«, »wissenschaftliches Fehlverhalten«, »Parawissenschaft« oder »pathologische Wissenschaft« (usw.) noch eine Reihe von alternativen Wissenschaftsantonymen, die in der vorliegenden Masterarbeit nicht weiter bedacht werden.

durchgesetzt, dass der Wissenschaftsbegriff von einem oder mehreren Antonymen abgegrenzt werden sollte, aber es herrscht sowohl Uneinigkeit über die infrage kommenden Wissenschaftsantonyme, als auch über deren jeweilige Definitionen.[20]

Im Folgenden werden die vier Begriffe der »Wissenschaft«, »Unwissenschaft«[21], »Pseudowissenschaft« und »Nichtwissenschaft« sowie ihre adjektivischen Formen voneinander unterscheiden. Sie werden paarweise anhand von plausiblen Beispielen eingeführt, wobei der Fokus auf dem Begriffspaar »Wissenschaft« und »Pseudowissenschaft« liegt. Was unter »Wissenschaft« zu verstehen ist, wird später auf der Grundlage der wissenschaftstheoretischen Überlegungen skizziert, die Gerhard Schurz in seiner *Einführung in die Wissenschaftstheorie* (2006) entwickelt.[22]

Zunächst geht es um das Begriffspaar »Wissenschaft« und »Nichtwissenschaft«:

B_1: Ein Botaniker möchte wissen, ob im Palisadenparenchym eines Laubblattes von Sambucus nigra Stärke zu finden ist. Dazu stellt er ein lichtmikroskopisches Präparat des Parenchyms her und färbt es mit Iod. Unter dem Lichtmikroskop sieht er, dass die Palisadenzellen eine bestimmte Färbung angenommen haben. Er notiert die Befunde in einem Protokoll und stellt eine Zeichnung des Gewebes her, welches er dem Protokoll beilegt.

B_2: Ein Koch grillt Heilbutt mit rotem Pfeffer und Kerbel, dazu kocht er grünen Spargel und eine Sauce Mousseline.

Nach dem natürlichen Sprachempfinden kann gesagt werden, dass B_1 unter den Wissenschaftsbegriff fällt, denn die dokumentierte Herstellung eines lichtmikroskopischen Präparats ist ein Beispiel für eine wissenschaftliche Tätigkeit. Der Botaniker hat ein Erkenntnisinteresse, denn er möchte wissen, ob im Palisadenparenchym von Sambucus Nigra (Holunder) Stärke zu finden ist. Dazu verwendet er ein etabliertes Testverfahren für die Feststellung von Stärke in pflanzlichem Gewebe und verfährt mit den Daten im Protokoll so, dass es nachvollziehbar seine Forschungstätigkeit dokumentiert.

Ein ebenso unproblematisches Beispiel ist B_2. Wir würden es prima facie nicht unter den Wissenschaftsbegriff fassen wollen, denn dem Koch geht es

20 Vgl. beispielsweise Rothbart (1990), S. 111 (»science« und »non-science« / »pseudoscience«); Laudan (1983a), S. 313 (»science« und »non-science«). Psillos (2009), S. 65 (Gleichsetzung von »non-« und »pseudo-science«); Hügli / Lübcke (2003, Hg.), S. 135 (Gegenüberstellung von »Wissenschaft« und »Nicht-Wissenschaft«); Rothbart (1990), S. 111 (Gleichsetzung von »non-« und »pseudoscience«).

21 Das Substantiv »Unwissenschaft« wird äußerst selten verwendet. Wissenschaftsinterne Defizite scheinen primär durch »wissenschaftliches Fehlverhalten« (»scientific misconduct«) bezeichnet zu werden, wobei hier die Betonung auf individuellem oder kollektivem Fehlverhalten liegt.

22 Siehe Abschnitte 2.1.2. bis 2.1.4.

offensichtlich nicht um wissenschaftliche Erkenntnis, sondern um die gelungene Zusammenstellung und Zubereitung eines schmackhaften Gerichts. Im Gegensatz zu B_1 ist in B_2 auch nicht die Möglichkeit gegeben, das Ergebnis seiner Tätigkeit epistemisch zu bewerten. Wir würden nicht sagen wollen, dass das Gericht wahr, falsch oder bestätigt (usw.) sei. Im Gegensatz könnten wir ohne Weiteres Fragen, ob die Färbung den Stärkenachweis erbracht hat, d. h. wir sind in B_1 ohne inneren Widerstand zu einer epistemologischen Denkfigur bereit.

Wir könnten an dieser Stelle auch noch weitere Beispiele anführen, um die Unterscheidung von Wissenschaft und Nichtwissenschaft intuitiv zu plausibilisieren. So könnte ein Sportler angeführt werden, der sich mit einer bestimmten Trainingsmethode auf einen Marathon vorbereitet, oder ein Politiker, der ein Parteiprogramm vorschlägt. Da es in der vorliegenden Untersuchung jedoch um die Möglichkeit der Unterscheidung von Wissenschaft und Pseudowissenschaft geht, wird davon abgesehen. B_1 und B_2 verdeutlichen, dass unser natürlicher Sprachgebrauch bestimmte Tätigkeiten unter dem Wissenschaftsantonym »Nichtwissenschaft« erfasst, welches nicht mit einer abwertenden Konnotation unterlegt ist, die in »unwissenschaftlich« oder »Pseudowissenschaft« mitklingt.

Wechseln wir auf die Sachebene, werden Handwerk, Kunst, Politik, Sport oder Religion – der letzte Punkt ist sicher strittig – der Sache nach Wissenschaft gegenübergestellt, sind damit komplementäre und in ihrer Wertigkeit ebenso legitime Tätigkeiten gemeint, die neben der Wissenschaft existieren. Sie sind nicht wissenschaftlich, und damit ist nicht mehr gemeint, als dass es ihnen nicht um Erkenntnisgewinn geht.

Schauen wir zwei weitere Beispiele an, die das Begriffspaar »wissenschaftlich« und »unwissenschaftlich« betreffen:

> B_3: Ein Geologe, der sich im Zuge seiner mineralogischen Feldforschung mit den magnetischen Eigenschaften von Wolframit beschäftigt, fälscht Messdaten, um seine Hypothesen zu bestätigen.

> B_4: In einem Institut für Mikrobiologie konkurrieren zwei Wissenschaftler, die unabhängig voneinander an Escherichia coli forschen. Um seinen Konkurrenten bei der Einreichung eines Forschungsantrags zu behindern, stellt einer der beiden Wissenschaftler den Inkubator seines Kollegen von 37 °C auf 28 °C und verfälscht damit die Ergebnisse einer Studie.

Der Geologe im Beispiel B_3 hat offensichtlich unwissenschaftlich gehandelt, als er Daten fälschte, denn auch ohne detaillierte Kenntnisse der Methoden der geologischen Forschung können wir die Geologie wohl als eine empirische Wissenschaft begreifen, in der empirische Daten und nicht zweckdienliche Konstrukte zur Bestätigung von Hypothesen herangezogen werden müssen. Wir bemühen also den Begriff »unwissenschaftlich«. Ebenso fassen wir B_4 sofort als ein Beispiel für unwissenschaftliches Verhalten auf, denn als einer der Mikrobiologen den Inkubator manipulierte, verfälschte er empirischen Daten der Studie seines Kollegen.

Es gibt zwei Grundlinien, die zwischen den Fällen B_1 bis B_4 gezogen werden können; sie können an den Begriffspaaren »legitim – illegitim« und »wissenschaftsintern – wissenschaftsextern« festgemacht werden. B_1, B_3 und B_4 sind Beispiele für Tätigkeiten, die innerhalb wissenschaftlicher Zusammenhänge stattfinden, jedoch begreifen wir nur B_1 als legitime Tätigkeiten und B_3 sowie B_4 als Beispiele für illegitime (nicht legitime) Tätigkeiten. Wir sind weder gewillt, einen Geologen zu akzeptieren, der Daten über die magnetischen Eigenschaften von Wolframit fälscht, noch einen Mikrobiologen, der die Forschungsvorhaben seiner Konkurrenten sabotiert. In B_3 und B_4 haben Wissenschaftler bewusst gegen bestimmte wissenschaftsinterne (epistemische) Normen verstoßen, die üblicherweise eingefordert werden.[23] In B_3 verstieß der Geologe gegen wissenschaftsinterne Normen des Rechtfertigungszusammenhangs und in B_4 griff der Mikrobiologe durch die Manipulation des Inkubators in die Forschung des Konkurrenten ein. Er verhinderte damit, dass Daten zur Rechtfertigung von bestimmten Hypothesen gewonnen werden konnten. Wir würden sagen, die ist ein wissenschaftsinterner oder erkenntnisrelevanter Zusammenhang. In solchen Zusammenhängen – im Binnenbereich von Wissenschaft – ist außerdem festzustellen, dass sowohl unwahre Aussagen, Gesetze oder Theorien, als auch unkorrektes Arbeiten nicht immer als unwissenschaftlich aufgefasst werden. Die Wissenschaftsgeschichte zeigt uns, dass viele der bedeutenden wissenschaftlichen Theorien im Laufe der Zeit und im Lichte von neuen empirischen Erkenntnissen und alternativer Theorien widerlegt wurden. Zudem gibt es auch in legitimen wissenschaftsinternen Zusammenhängen das Phänomen, dass der Forschungsprozess scheitert, wir dies jedoch nicht unbedingt als »unwissenschaftlich« bezeichnen möchten.

Die folgenden zwei Beispiele erläutern diesen Gedanken:

> B_5: Ein Experimentalphysiker, der sich mit Lasern beschäftigt, macht ein Experiment. Dabei berücksichtigt er versehentlich nicht, dass sich der verwendete Laser beim Betrieb erhitzt und dies bei der Berechnung der Leistungsaufnahme des Geräts berücksichtigt werden muss. Er dokumentiert den mangelhaften Versuchsaufbau vollständig – also mit dem Fehler – und reicht die Ergebnisse in einem Journal für Experimentalphysik ein.

> B_6: Ein Ökologe hat die Jolly-Seber-Methode (Fang-Wiederfang-Methode) nicht verstanden. Er verrechnet sich deswegen immer wieder, wenn es um die Bestimmung der Populationsdichte (Abundanz) konstanter Populationen geht.[24]

Die Wissenschaftler in B_5 und B_6 machen versehentlich Fehler, haben aber die beste Absicht, wissenschaftliche Erkenntnis zu gewinnen. Ob ein Experiment wie in B_5 unwissenschaftlich ist, kann als eine graduelle Frage begriffen werden. In B_5 ist nicht zu erkennen, dass der Experimentalphysiker bewusst einen Fehler

---

23 Siehe Abschnitt 2.1.2 bis 2.1.4. und 2.4.

24 Wehner / Gering (2007), S. 565.

macht, weil er seine Hypothesen bestätigen möchte. Vielmehr ist sein methodischer Fehler korrekturbedürftig und hätte durch sorgfältigere Arbeit vermieden werden können. Man könnte es allenfalls unter den Begriff »schlechte Wissenschaft« fassen, falls sich solche Fehler häufen würden.

B_6 verdeutlicht den fließenden Übergang zwischen schlechter Wissenschaft und unwissenschaftlichem Verhalten, bei dem der Erkenntnisvorgang vollends scheitert. Der Ökologe in B_6 beherrscht eine bestimmte Methode der ökologischen Forschung nicht, die er beherrschen sollte. Die Mathematik der Fang-Wiederfang-Methode lernen Biologiestudenten üblicherweise im ersten Studienjahr und manche sogar im Biologieunterricht der Oberstufe. Wenn der Ökologe permanent den gleichen Fehler macht und beispielsweise nicht

$$N_{total} = \frac{N_{markiert,1} \cdot N_2}{N_{markiert,2}}$$

verwendet[25], sondern stattdessen immer wieder – ohne den Fehler zu verbessern – mit

$$N_{total} = \frac{N_{markiert,2} \cdot N_2}{N_{markiert,1}}$$

rechnet, dann steht der Fall anders als in B_5, in dem der Experimentalphysiker eben einen bedauerlichen Fehler gemacht hat. Nicht alles, was in wissenschaftsinternen Zusammenhängen zu bemängeln ist, weil es gegen bestimmte wissenschaftliche Normen verstößt, ist unwissenschaftlich, wie B_5 zeigt. B_6 wirft nun eine Frage auf, die direkt auf F verweist. Ist dieser Grenzfall noch unwissenschaftlich oder schon pseudowissenschaftlich? Wir könnten die Auffassung vertreten, dass er keine Pseudowissenschaft sei, weil der schlechte Ökologe mit den Defiziten in analytischer Statistik keine täuschende Absicht hatte und seine unwissenschaftliche Tätigkeit in einem wissenschaftsinternen Zusammenhang zu lokalisieren ist. Denken wir uns dazu, dass der Ökologe an einem Lehrstuhl für Ökologie angestellt ist, ein Biologiestudium mit defizitärer mathematischer Ausbildung durchlief und ansonsten ein passabler Feldforscher ist. Liegt es also an der täuschenden Absicht, dass etwas pseudowissenschaftlich ist?[26] Betrachten wir dazu zwei weitere Beispiele:

> B_7: Ein Fotograf, der sich in seiner Freizeit viel mit Science Fiction beschäftigt, besitzt einen Fachgeschäft für Fotografie. Zu seinen Kunden zählen viele Menschen, die vermeintliche Aufnahmen von Ufos entwickeln lassen. Der Inhaber des Fachgeschäfts zeigt sich von diesen

---

25 Zit. Wehner / Gehring (2007), S. 565.

26 Vgl. Langmuir (1989), S. 43.

Aufnahmen so beeindruckt, dass er ein Buch über Ufos schreibt und darin nahelegt, dass Außerirdische mit Sicherheit die Erde besucht hätten und dies durch seine langjährige Erfahrung mit den Aufnahmen und Zeugenberichten wissenschaftlich erwiesen sei.

B_8: Eine Frau interessiert sich seit ihrer frühesten Kindheit für Geschichten um Elfen und Feen. Sie sammelt bunte Schmucksteine und fühlt sich sehr ruhig und erholt, wenn sie die Schmucksteine sortieren kann. Sie hat keine medizinische oder psychologische Ausbildung und verkauft die Schmucksteine in dem Glauben, dass ihre langjährige Erfahrung deren Wirksamkeit wissenschaftlich belege.

B_7 und B_8 würden wir intuitiv als Beispiele für Pseudowissenschaften auffassen.[27] Weder dem Inhaber des Fachgeschäfts für Fotografie noch der Dame, die vermeintlich heilende Schmucksteine verkauft, muss dazu eine böswillige oder täuschende Absicht unterstellt werden. Außerdem stehen sowohl der Ufologe als auch die Verkäuferin der Schmucksteine außerhalb der etablierten Zusammenhänge wissenschaftlicher Forschung, weswegen es hier angebracht ist, von einem wissenschaftsexternen Zusammenhang zu sprechen. Im Gegensatz zu B_7 und B_8 sind auch Fälle von Pseudowissenschaften denkbar, in denen sich das Präfix »pseudo-« nicht auf die täuschende Wirkung der Lehren bezieht, die Pseudowissenschaftler vertreten, sondern auf deren Absicht zur Täuschung.[28]

B_9: Ein Getränkehändler füllt handelsübliches Mineralwasser in kunstvoll gefertigte Flaschen. Er verkauft diese Flaschen zu einem hohen Preis im Internet als »energetisch angereichertes Heilwasser«, das gegen Rheuma und Gicht helfen soll, und behauptet, dass dessen Wirksamkeit wissenschaftlich erwiesen sei.

B_9 kann als ein Beispiel für eine pseudowissenschaftliche Tätigkeit aufgefasst werden. Wenn der Getränkehändler handelsübliches Mineralwasser lediglich neu abfüllt und behauptet, dessen Wirkung sei wissenschaftlich belegt, dann ist davon auszugehen, dass er mit einer täuschenden Absicht auftritt und lediglich seinen finanziellen Vorteil im Blick hat.

Wenn wir an dieser Stelle alle Beispiele Revue passieren lassen, dann können wir B_1, B_3, B_4, B_5 und B_6 in einen wissenschaftsinternen und B_2, B_7, B_8 und B_9 in einen wissenschaftsexternen Zusammenhang einordnen. Die erste Gruppe betrifft Fälle, in denen Wissenschaftler entweder wissenschaftlich legitim (B_1 und eventuell B_5) oder nicht legitim (B_3, B_4, B_6) gehandelt haben. Damit ist gemeint, dass in diesen Fällen bestimmte wissenschaftliche Standards beachtet oder unbewusst

27 Vgl. Hines (2003), S. 235 bis S. 302. Hines befasst sich ausführlich mit verschiedenen Varianten der Ufologie und anderen Lehren, die die Besuche von Außerirdischen auf der Erde behaupten.

28 Philipp Kitcher, vertritt beispielsweise in *Abusing Science* die Auffassung, dass es sich bei Pseudowissenschaften um eine degenerierte Form von Wissenschaft (Unwissenschaft) handeln würde und in *Living with Darwin*, dass der Begriff der Pseudowissenschaft nur Sinn mache würde, wenn man die täuschende Absicht des Pseudowissenschaftlers nachweisen könnte. Vgl. Kitcher (1982), S. 48 und Kitcher (2009), S. 142.

oder beziehungsweise bewusst verletzt wurden. In der zweiten Gruppe wurde mit B_2 ein Beispiel für eine Tätigkeit gegeben, die ohne einen Erkenntnisanspruch in einen legitimen und wissenschaftsexternen Zusammenhang eingebunden ist. B_7, B_8 und B_9 waren zuletzt Beispiele für Tätigkeiten, die nicht legitim und in wissenschaftsexternen Zusammenhängen zu lokalisieren sind. Diese Ergebnisse lassen die Unterscheidung verschiedener Typen von Abgrenzungsfragen zu. Tragen wir dazu B_1 bis B_9 in ein intuitives Begriffsschema ein:

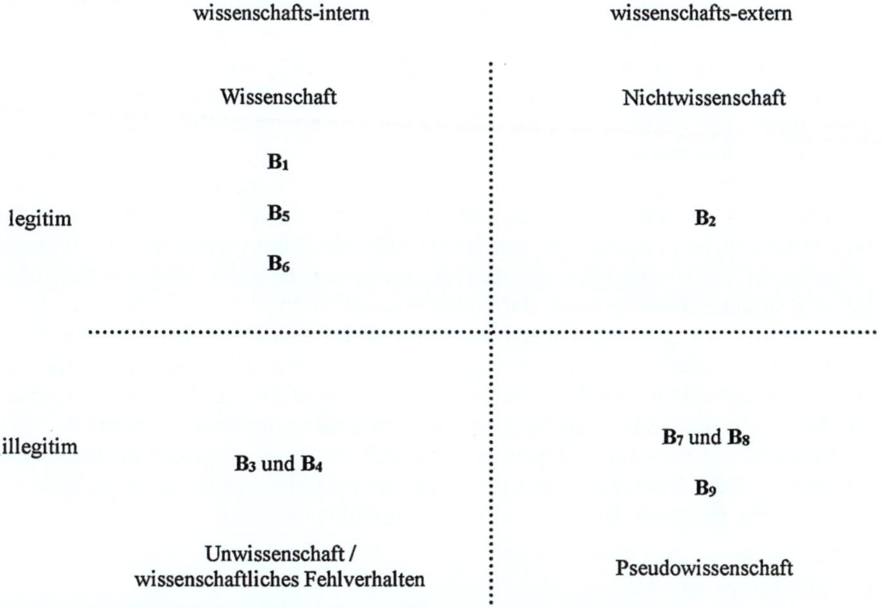

Abb. 1.1. A. Einordnung der Beispiele B_1 bis B_9 in ein intuitives Begriffsschema

In diesem Schema könnte religiöser Glaube, der mit einem Wahrheitsanspruch verbunden wird, im oberen rechten Feld eingetragen werden und zwar in der Nähe zum Wissenschaftsfeld, falls Versuche unternommen werden, Glaubensinhalte rational zu rechtfertigen. Andernfalls müsste er eher auf der rechten Seite eingetragen werden, falls solche Versuche nicht gemacht werden.

In F wird nach der Möglichkeit der Unterscheidung von Wissenschaft und Pseudowissenschaft gefragt. Dazu können wir nun sagen, dass es sich dabei um die Frage handelt, wie etwas von Wissenschaft unterschieden werden kann, das wir in einer ersten Annäherung als illegitim und wissenschaftsextern beschreiben würden.

Um die untersuchungsleitende Frage F weiter von anderen Abgrenzungsfragen zu unterscheiden, müssen wir zunächst auf den Anspruch oder die möglichen Ziele von Abgrenzungsfragen eingehen, dann können wir sie innerhalb des intuitiven Begriffsschemas eintragen. Abgrenzungsfragen können im Wesentlichen mit zwei Ansprüchen verbunden sein, dem normativen Anspruch der Bewertung und dem deskriptiven Anspruch der Rekonstruktion.

Abgrenzungsfragen normativer Art ermitteln, ob etwas bestimmte Normen erfüllt und zielen auf ein Urteil ab, welches beispielsweise auf wissenschaftsinternen Werten beruht. Fragen wir etwa, ob ein bestimmter Wissenschaftler in seiner Dissertation plagiiert hat, dann setzen wir voraus, dass bestimmte Standards der Zitation gelten, die in der Promotionsordnung dokumentiert sind. Falls nachgewiesen werden kann, dass sich der Wissenschaftler nicht an diese Standards hielt und Textstellen ohne Kenntlichmachung übernahm, dann hat er in dieser Hinsicht – also relativ zu den angelegten wissenschaftsinternen Standards – unwissenschaftlich gehandelt. Dies ist eine spezielle Abgrenzungsfrage, die einen normativen Anspruch hat. Fragen wir hingegen nach den Unterdisziplinen einer wissenschaftlichen Disziplin, sagen wir der Chemie, dann verfolgen wir mit dieser Abgrenzungsfrage einen rekonstruktiven Anspruch. Es geht dann um die möglichst adäquate Beschreibung der binnendisziplinären Beschaffenheit der Chemie. Als Antwort würden wir anhand der etablierten chemischen Unterdisziplinen eine begründete Liste anfertigen, beginnend bei der Allgemeinen Chemie bis zur Wirtschaftschemie und den angrenzenden Disziplinen anderer Wissenschaften. Diese spezielle Abgrenzungsfrage hat einen rekonstruktiven Anspruch.

Schauen wir im nächsten Schritt die vier Typen von Abgrenzungsfragen an, die bereits in der Einleitung angesprochen und hier hinsichtlich ihrer Terminologie durch die Beispiele B_1 bis B_9 intuitiv eingeführt wurden.

i. intern-deskriptive Abgrenzungsfragen
ii. intern-normativ Abgrenzungsfragen
iii. extern-deskriptive Abgrenzungsfragen
iv. extern-normativ Abgrenzungsfragen

F ist eine extern-normative Abgrenzungsfrage in diesem Sinne.

Intern-deskriptive Abgrenzungsfragen zielen darauf ab, möglichst adäquate Beschreibung wissenschaftsinterner Zusammenhänge zu liefern. Eine allgemeine intern-deskriptive Abgrenzungsfrage ist beispielsweise, inwiefern wissenschaftliche Fachbereiche voneinander unterschieden werden können. Eine mögliche Antwort müsste angeben, welche sozialen, historischen und systematischen Merkmale die Typisierung von wissenschaftlichen Fachbereichen ermöglichen, und damit Methoden der Rekonstruktion wissenschaftsinterner Zusammenhänge bereitstellen. Spezielle intern-deskriptive Abgrenzungsfragen wenden diese Methoden an, wenn sie beispielsweise die Binnenstruktur wissenschaftlicher Fachbereiche typisierend erfassen. Wird in diesem Sinne die Frage nach den Fachbereichen der

Chemie gestellt oder nach den methodischen Unterschieden zwischen Geistes-, Sozial- oder Naturwissenschaften, handelt es sich um spezielle Abgrenzungsfragen, die wissenschaftsinterne Zusammenhänge rekonstruieren.

Intern-normative Abgrenzungsfragen zielen beispielsweise, wenn sie allgemein gestellt werden, auf die Methode der qualitativen Bewertung von Wissenschaft ab. Dabei fragen sie nach wissenschaftsinternen Werten, die in Form von wissenschaftsinternen Normen realisiert werden. Sie begründen damit die Methode der Beantwortung von speziellen Abgrenzungsfragen, die intern-normativer Art sind und den wissenschaftlichen Status von Theorien, Methoden oder individuellem Handeln betreffen, welches in wissenschaftsinternen Zusammenhängen lokalisiert ist. Hiermit wird letztlich der Versuch unternommen, gute und schlechte Wissenschaft – beziehungsweise wissenschaftliches Verhalten und wissenschaftliches Fehlverhalten – voneinander zu unterscheiden.

Extern-deskriptive Abgrenzungsfragen werden gestellt, wenn es um die Unterscheidung von Wissenschaft und Nichtwissenschaft geht und insbesondere die vielfältigen Beziehungen zwischen Wissenschaft, Politik, Wirtschaft, Kunst, Handwerk oder anderen Bereichen der Kultur untersucht werden. Dieser wichtige Typus von Abgrenzungsfragen kann allgemein aufgefasst werden, wenn beispielsweise die Frage nach der prinzipiellen Unterscheidung von Wissenschaft und Handwerk vermittels der Unterscheidung des Erkenntnisziels von Wissenschaft und des Handlungsziels von handwerklicher Tätigkeit beantwortet wird. Antworten auf allgemeine Abgrenzungsfragen ermöglichen durch die Bereitstellung von Methodenwissen die Beantwortung von speziellen Abgrenzungsfragen. Sie rekonstruieren beispielsweise die faktisch gegebenen Beziehungen zwischen Wissenschaft und Politik, womit sie eine grundlegende Funktion für anschließende normative Fragen nach legitimen oder illegitimen Einflussnahmen erfüllen.

Extern-normative Abgrenzungsfragen sind der Gegenstand dieser Masterarbeit. Die untersuchungsleitende Frage F ist allgemein, weil sie eine Methode der Unterscheidung zwischen Wissenschaft und Pseudowissenschaft einfordert. Sie muss anwendbar sein, wenn es beispielsweise um die spezielle Frage nach dem wissenschaftlichen Status der Astrologie, der Homöopathie oder des modernen Kreationismus geht.

Das Auseinanderklaffen von allgemeinen Abgrenzungsfragen nach der Möglichkeit der Unterscheidung von Wissenschaft und Pseudowissenschaft und speziellen Fragen nach dem wissenschaftlichen Status von Kandidaten für das Prädikat »pseudowissenschaftlich« zeigt sich auch in der Literatur. So herrscht ein weitgehend rationaler Konsens über die üblichen Beispiele für Pseudowissenschaft, aber Uneinigkeit über die Methode der Unterscheidung.[29]

29 Siehe Abschnitt 3.1 (Musterbeispiele für Pseudowissenschaften) und 1.2.1 (Monokriterienansätze) und 1.2.2 (Multikriterienansätze).

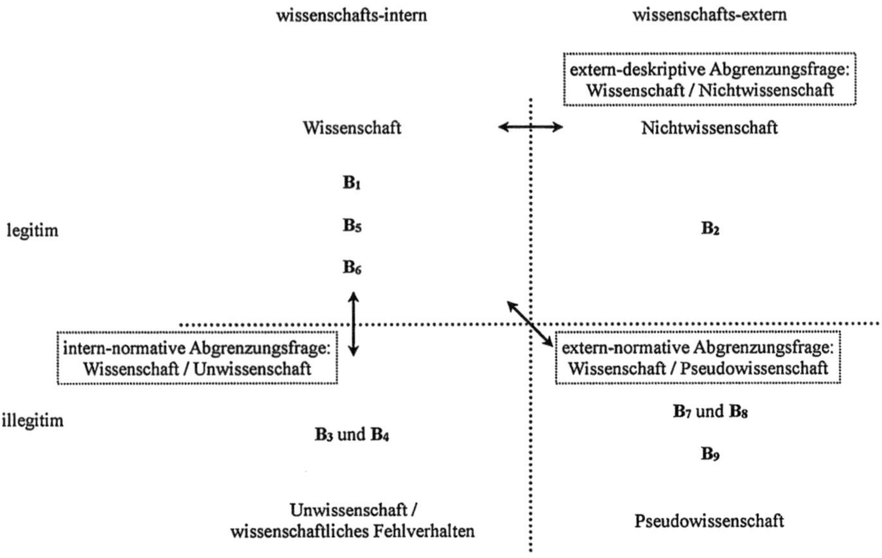

Abb. 1.1. B. Verschiedene Abgrenzungsfragen.

Aus der vorgeschlagenen Typisierung von Abgrenzungsfragen geht hervor, dass es wenige allgemeine und viele spezielle Abgrenzungsfragen gibt. Dabei sind Antworten auf die wenigen allgemeinen Abgrenzungsfragen immer die Bedingung der Möglichkeit, die darunter gefassten speziellen Abgrenzungsfragen zu beantworten. Gleichzeitig wird die Qualität einer Antwort auf eine allgemeine Abgrenzungsfrage durch ihre Leistungsfähigkeit dafür zu bestimmen sein, die unter sie gefassten speziellen Abgrenzungsfragen zu beantworten. Dieser Punkt bedingt eine erste funktionale Anforderung an eine Methode der Unterscheidung zwischen Wissenschaft und Pseudowissenschaft. Sie muss selbstverständlich eine Abgrenzungsfunktion erfüllen, d. h. die Unterscheidung von Wissenschaft und Pseudowissenschaft in Einzelfällen ermöglichen.[30]

Die Unterscheidung der vier Grundbegriffe, die anhand der intuitiv plausiblen Einordnung der Beispiele eingeführt wurden, und die darauf basierende Typologie von Abgrenzungsfragen fasst die folgende Grafik zusammen, wobei darin die intern-deskriptiven Abgrenzungsfragen nicht erfasst, sondern nur intern-normative, extern-deskriptive und extern-normative Abgrenzungsfragen eingetragen wurden. Intern-deskritive Abgrenzungsfragen könnten innerhalb des oberen linken Feldes erfasst werden, weil sie sich beispielsweise auf die disziplinären Grenzen im

30 Siehe Abschnitt 1.3 (funktionale Anforderung A_1).

Binnenbereich von Wissenschaft beziehen. Sie sind deswegen grundlegend für die Historiographie der Wissenschaft und Philosophie.

1.2 Das Demarkationsproblem in der Wissenschaftstheorie

Im vorangegangenen Abschnitt wurde F als die (allgemeine) extern-normative Abgrenzungsfrage nach der Möglichkeit der Unterscheidung von Wissenschaft und Pseudowissenschaft systematisch von anderen Abgrenzungsfragen differenziert.[31] Im nächsten Schritt sollten die Antworten auf das Abgrenzungsproblem vorgestellt werden, die in der Wissenschaftstheorie seit 1930 diskutiert wurden. Vor diesem philosophiehistorischen Hintergrund wird es möglich sein, funktionale Anforderungen an eine Abgrenzungstheorie zu formulieren.

1.2.1 Monokriterielle Ansätze

In der Wissenschaftstheorie wurden verschiedene Ansätze entwickelt, um zwischen Wissenschaft und Pseudowissenschaft zu unterscheiden und die damit die extern-normative Abgrenzungsfrage zu beantworten.[32] Historisch gesehen dominierten zunächst zwei monokriterielle Ansätze. Das war zum einen der Verifikationismus der logischen Empiristen und Neopositivisten des Wiener Kreises um Moritz Schlick und des Berliner Kreises um Hans Reichenbach. Zum anderen der der Falsifikationismus, mit dem Karl Popper an den Verifikationismus anschloss.[33]

Erst im 20. Jahrhundert (um 1930) wurde das Abgrenzungsproblem mit der Hinwendung der Neopositivisten und logischen Empiristen zu wissenschaftstheoretischen Fragen brisant.[34] Dabei muss jedoch angemerkt werden, dass es diesen Philosophen genau genommen um ein anderes Abgrenzungsproblem ging, nämlich darum, Wissenschaft und Metaphysik voneinander zu unterscheiden.

---

31 Anmerkung zur Terminologie: »extern-normative Abgrenzungsfrage« und »Abgrenzungs-« oder «Demarkationsproblem« werden im Folgenden synonym verwendet. Wenn es im Folgenden um die Möglichkeit der Unterscheidung bzw. Abgrenzung von Wissenschaft und Pseudowissenschaft im Sinne von F geht, wird der bestimmte Artikel vorangestellt werden (»die Abgrenzungsfrage«). Geht es um die Frage, ob eine bestimmte Theorie eine Pseudowissenschaft oder eine Wissenschaft ist, wird mit dem unbestimmten Artikel von »einer Abgrenzungsfrage« gesprochen. Mit anderen Worten, die Abgrenzungsfrage betrifft nun die Möglichkeit der Unterscheidung von Wissenschaft und Pseudowissenschaft, wohingegen eine (extern- oder intern-normative) Abgrenzungsfrage auf den wissenschaftlichen Status einer bestimmten Theorie abzielt.

32 Vgl. Psillos (2007), S. 65.; Mahner (2007), S. 517 bis S. 522.

33 Vgl. Lorenz (1995), S. 29.

34 Vgl. Psillos (2007), S. 65.

Dabei wurde im Kontext der Metaphysikfeindlichkeit dieser Strömungen, die gegen die rationalistischen und spekulativen Metaphysiken gerichtet war, welche neben den erfolgreichen naturwissenschaftlichen Theorien wie Fremdkörper empfunden wurden, der Metaphysikbegriff als ein Pejorativ verwendet. Beide Abgrenzungsprobleme, also zwischen Wissenschaft und Metaphysik auf der einen und Wissenschaft und Pseudowissenschaft auf der anderen Seite, wurden gleichgesetzt. Sie wurden zunächst mit dem normativen Anspruch untersucht, sinnvolle von sinnlosen Aussagen zu unterscheiden. Diese breite Auffassung der extern-normativen Abgrenzungsfrage resultierte nicht zuletzt darin, dass die begriffliche Gegenüberstellung von Wissenschaft einerseits und »Metaphysik«, »Pseudowissenschaft« und »Nichtwissenschaft« andererseits entsprechend undifferenziert ausfiel. Die Problematik der indifferenten Terminologie der Wissenschaftsantonyme hat sich teilweise gehalten, wie bereits angesprochen wurde.

Worin bestand nun im Einzelnen die Methode der Abgrenzung, welche innerhalb dieser Strömung der jungen Disziplin der Wissenschaftstheorie verfolgt wurde? Die Methode der Abgrenzung bestand für die Verifikationisten im sog. Verifiaktionsprinzip, welches der empirischen Geltungsprüfung von Aussagen und Theorien diente. Verifizierbarkeit, worunter die Möglichkeit der Verifikation zu verstehen ist, wurde als die semantische Grenzlinie zwischen den sinnvollen Aussagen und Theorien der empirischen Wissenschaften und den sinnlosen Aussagen und Theorien der Metaphysik oder anderer Bereiche menschlicher Tätigkeit ohne kognitiven Anspruch aufgefasst. Sie war damit sowohl eine hinreichende als auch eine notwendige Bedingung für sinnvolle Aussagen, die einen kognitiven Gehalt – einen Erkenntnisanspruch – ausdrücken.[35] Das Verifikationsprinzip diente nicht nur als ein kognitives Kriterium der Abgrenzung von Wissenschaft, sondern auch als ein empiristisches Sinnkriterium, das im Extremfall der szientistischen Stoßrichtung folgte, Sinnlosigkeitsverdikte zu verhängen.

Dass eine Aussage verifizierbar, beziehungsweise der Anspruch der Verifizierbarkeit an Aussagen und Theorien zu stellen ist, bedarf einer Erklärung. Innerhalb der Verifikationssemantik gilt, dass die Bedeutung von nicht analytischen Aussagen, also Tatsachenbehauptungen, eindeutig durch die zugeordneten Prüfverfahren festgelegt ist. Mit anderen Worten sind Tatsachenbehauptungen ohne zugeordnete Prüfverfahren ohne kognitiven Gehalt und werden damit keinem Erkenntnisanspruch gerecht.[36] Da die möglichen Resultate der Prüfverfahren für eine Tatsachenbehauptung vollständig deren Bedeutung bestimmen, sind Aussagen mit stets gleichen Prüfungsergebnissen synonym. Diese Eigenschaft der Verifikationssemantik entsprach ganz der metaphysikkritischen Haltung des Wiener Kreises. Dank ihr

35 Carrier (1995a), S. 509.

36 Ebenda.

konnten viele Fragen der Philosophie, wie beispielsweise die Frage nach der Existenz der Außenwelt, als sog. »Scheinprobleme« aus methodologischen Gründen verworfen werden.[37] Was unter der Möglichkeit zur Verifikation von Aussagen und Theorien zu verstehen? Sie kann nach Carrier als (i) die technische Möglichkeit, (ii) die physikalische Möglichkeit oder (iii) die logische Möglichkeit interpretiert werden, eine Aussage zu bewahrheiten. Im Sinne von (i) ist eine Aussage genau dann verifizierbar, wenn tatsächlich geeignete Prüfverfahren vorliegen. Nach Carrier wird diese Interpretation einhellig zurückgewiesen. Interpretation (ii) meint die Vereinbarkeit von Testverfahren mit Naturgesetzen und Lesart (iii) die widerspruchsfreie Beschreibung von Testverfahren.[38]

Im Zuge des Reduktionismus des Wiener Kreises meint Verifizierbarkeit letztlich die Zurückführung von kognitiv gehaltvollen Aussagen und Theorien auf Beobachtungsbegriffe und Beobachtungsaussagen (Protokollsätze). Die anschließende Frage, nach der genauen Struktur dieser Beobachtungsaussagen, wurde in der sog. Protokollsatzdebatte diskutiert. Das Verifikationsprinzip ist gleichbedeutend mit einem empiristischen Sinnkriterium, weil es der Unterscheidung von sinnvollen und sinnlosen Aussagen dient und auf den Anspruch hinausläuft, dass „alle kognitiv sinnvollen Aussagen verifizierbar sein müssen."[39] Nichtverifizierbare Aussagen werden damit als sinnlose und im bisweilen pejorativen Sinne metaphysische Aussagen deklassiert, welche sowohl aus der Philosophie als auch aus der Wissenschaft zu verbannen seien.[40] Hinter diesem Kriterium stand die Annahme, dass über die Geltung aller sinnvollen Aussagen, die mit einem Erkenntnisanspruch (kognitiven Anspruch) assoziiert sind, durch die Angabe von Prüfverfahren eindeutig entschieden werden könnte. Über die Bedingung der Angabe von Prüfverfahren für alle sinnvollen Aussagen wurde kontrovers diskutiert. Popularität gewann nach Kambartel und Carrier die Konzeption Rudolf Carnaps, welche die Bestätigungsfähigkeit einer sinnvollen Aussage fordert:

> „Eine Aussage ist bestätigungsfähig, wenn es möglich ist, ihre Geltung zumindest in Teilen ihres Anwendungsbereichs anhand von Beobachtungsaussagen zu prüfen, wobei die dafür heranzuziehende Prüfmethode nicht faktisch verfügbar sein muß."[41]

Interessant ist, dass sinnlose Aussagen nicht in jedem Fall als unzulässig angesehen wurden, was in der vorgeschlagenen Terminologie durch die Unterscheidung von gleichermaßen legitimer Wissenschaft und Nichtwissenschaft berücksichtigt wird.[42] Sinnlose Aussagen wurden nur unter den Bedingungen als unzulässig

37 Gabriel (1995), S. 689.
38 Ebenda.
39 Zit. Kambartel / Carrier (1995b), S. 817.
40 Kambartel / Carrier (1995b), S. 817.
41 Zit. Kambartel / Carrier (1995b), S. 817.
42 Siehe Abschnitt 1.1.

klassifiziert, wenn sie (a) nicht verifizierbar und (b) mit einem kognitiven Anspruch verbunden sind. Falls einer nicht verifizierbaren Aussage in diesem Sinne der kognitive Anspruch fehlt, könnte sie beispielsweise innerhalb der Kunst einen gültigen Platz finden. Für eine detaillierte Rekonstruktion der Entwicklung des logischen Empirismus bzw. Neopositivismus ist an dieser Stelle kein Raum, sehr genau berichteten jedoch Friedrich Stadtler und Manfred Geier über die Entwicklung dieser wirkmächtigen Strömung, die insbesondere nach der Emigration ihrer Anhänger in die angelsächsischen Länder das Gesicht der analytischen Philosophie prägte.[43]

Das Verifikationsprinzip spielt gegenwärtig eher keine Rolle, wenn es um die konkrete Beurteilung von Theorien geht, die im Verdacht stehen, pseudowissenschaftlich zu sein. Vielmehr kann es als ein Wegbereiter für das Abgrenzungskriterium der Falsifizierbarkeit begriffen werden, welches im kritischen Rationalismus und Falsifikationismus Karl Poppers eine zentrale Stellung einnahm und die endgültige Abkehr von der einfachen Gleichsetzung von Sinn- und Abgrenzungskriterium bedeutete.[44] Im Gegensatz zum Verifikationsprinzip, das zugleich als Sinnkriterium verwendet wurde, unterscheidet Popper sachgemäß zwischen der Funktion der Unterscheidung von wissenschaftlichen und nichtwissenschaftlichen Aussagen und der Frage nach deren Sinnhaftigkeit.[45]

Was ist nun unter dem Falsifikationsprinzip zu verstehen? In seinem wissenschaftsphilosophischen Hauptwerk, der *Logik der Forschung*, erhebt Popper vor dem Hintergrund der Überlegung, dass die Wahrheit einer wissenschaftlichen Theorie nicht endgültig auf empirischem Wege festgestellt werden könne, eine methodologische Forderung. Er fordert, alle empirischen Theorien so zu formulieren, „dass sich auch Wege zu ihrer Falsifikation angeben lassen, bzw. alle nicht falsifizierbaren Theorien als nicht wissenschaftliche Hypothesen von der Diskussion auszuschließen."[46] Mit diesem Demarkationskriterium grenzt sich Popper deutlich vom Verifikationismus ab.

> „Diese Überlegung legt den Gedanken nahe, als Abgrenzungskriterium nicht die Verifizierbarkeit, sondern die Falsifizierbarkeit des Systems vorzuschlagen; mit anderen Worten: Wir fordern zwar nicht, daß das System auf empirisch-methodischen Wege endgültig positiv ausgezeichnet werden kann, aber wir fordern, daß es die logische Form des Systems ermöglicht, dieses auf dem Wege der methodischen Nachprüfung negativ auszuzeichnen: Ein empirisch-wissenschaftliches System muß an der Erfahrung scheitern können."[47]

---

43 Vgl. Stadtler (1997) und Geier (1992).

44 Kambartel / Carrier (1995b), S. 817.

45 In der vorgeschlagenen Terminologie schwankt diese Formulierung zwischen »Nichtwissenschaft« und »Pseudowissenschaft«. Siehe Abschnitt 1.1.

46 Zit. Tesak (2002), S. 353.

47 Zit. Popper (1976), S. 15.

Im Gegensatz zu der Mehrzahl der Vertreter des Wiener Kreises und des Berliner Kreises vertrat Popper die Auffassung, dass wissenschaftliche Theorien beliebig weit über Erfahrung hinausgehen dürfen, wenn sie die Bedingung erfüllen, an der Erfahrung überprüfbar zu sein. Der Gedanke dahinter war, dass eine solche Überprüfung vermittels möglichst strenger Falsifikationsversuche vorzunehmen sei.[48] Nach Schurz war damit für Popper Falsifizierbarkeit das entscheidende Abgrenzungskriterium für Wissenschaft gegenüber Spekulation. Die Asymmetrie von Verifikation und Falsifikation bei strikten Allsätzen kann leicht illustriert werden. Sätze der Art „Alle Metalle leiten Strom." können durch keine endliche Menge von Beobachtungen verifiziert werden, wie es ein Vertreter des (frühen) logischen Empirismus fordern müsste. Sie sind jedoch durch ein einziges Gegenbeispiel falsifizierbar und damit wissenschaftlich.[49]

Genauso wie der Verifikationismus des Wiener Kreises war auch der Falsifikationismus Poppers intensiver Kritik ausgesetzt.[50] In der vorliegenden Untersuchung wird noch zu diskutieren sein, ob dieses Kriterium wirklich zur Unterscheidung von Wissenschaft und Pseudowissenschaft taugt. In einem Vorgriff sei eine Folge aus Poppers Abgrenzungskriterium erwähnt, dass nämlich manche Pseudowissenschaften wissenschaftlich sind, weil sie falsifizierbare Aussagen machen, und manche Wissenschaften pseudowissenschaftlich, weil sie nicht direkt falsifizierbare Aussagen beinhalten. Ich werde an späterer Stelle dafür argumentieren, dass dies nur folgt, wenn Poppers Abgrenzungskriterium alleine angewendet wird und keine Seitenblicke auf andere Bewertungskriterien erlaubt werden. Außerdem ist die Diskussion, ob für Popper Falsifizierbarkeit eine hinreichende und gleichzeitig eine notwendige Bedingung für Wissenschaftlichkeit war, unabhängig von der sinnvollen Frage, ob Falsifizierbarkeit ein gutes logisch-methodologisches Kriterium der Bewertung von Theorien ist, die mit einem wissenschaftlichen Anspruch vertreten werden.

1.2.2 Multikriterielle Ansätze

Verifikationismus und Falsifikationismus werden im Folgenden als »monokriterielle Ansätze« bezeichnet, weil sie nur ein Demarkationskriterium zur Unterscheidung von Wissenschaft und Pseudowissenschaft verwenden. Neben diesen Ansätzen existieren auch diverse Vorschläge für multikriterielle Ansätze.[51] Zu

---

48 Vgl. Schurz (2006), S. 15; Kambartel / Carrier (1995 b), S. 817.

49 Eine differenzierte Darstellung der Möglichkeiten der Überprüfbarkeit verschiedener Hypothesenarten ist in Schurz (2006), S. 98 zu finden.

50 Vgl. Schurz (2006), S. 15.

51 Vgl. Hansson (2008), Abschnitt 4.6.

nennen sind in diesem Zusammenhang insbesondere die Veröffentlichungen von Bunge, Derkson, Glymore / Stalker, Grove, Gruenberger, Hines, Kitcher, Langmuir, McRobert, Radner / Radner, Ruse und Thagard. Diese Autoren streben eine allgemeine Lösung des Demarkationsproblems an und abstrahieren damit von der Kritik an bestimmten Pseudowissenschaften. Ihnen ist gemeinsam, dass sie eine Vielzahl von notwendigen oder jeweils hinreichenden Kriterien für Pseudowissenschaft angeben.[52] Anstelle einer enervierend langen Liste von Exzerpten dieser Veröffentlichungen sind die verhaltens- und theorie- bzw. methodenbezogenen Kriterien, die von den Autoren zur Demarkation zwischen Wissenschaft und Pseudowissenschaft verwendet werden, in den folgenden Tabellen aufgelistet.[53]

Die Erstellung dieser Tabellen wurde durch den Sachverhalt erschwert, dass die einzelnen Kriterienkataloge heterogen beschaffen sind und zwar in dem Sinne, dass die verwendeten Kriterien entweder als wissenschaftsinterne Normen formuliert werden oder als charakteristische Mängel an einheitlich akzeptierten Beispielen für Pseudowissenschaft. Hinzu kommt, dass sich die Kriterien der Sache nach entweder auf individuelles oder kollektives Verhalten von Pseudowissenschaftlern oder auf pseudowissenschaftliche Theorien bzw. pseudowissenschaftliche Methoden beziehen. Aus diesem Grund wurden letztlich zwei Tabellen erstellt und beim anschließenden Versuch der Formulierung einer Demarkationstheorie die einheitliche Formulierung der Bewertungskriterien in Form von wissenschaftsinternen Normen gewählt.[54]

---

52 Bunge (1982); Derkson (1993); Clark / Stalker (1990); Grove (1985); Gruenberger (1962); Hines (2003); Kitcher (1982); Langmuir (1989); McRobert (1982); Radner / Radner (1982); Ruse (1982) und Thagard (1978).

53 Siehe Tab. 1. Theorie- und methodenbezogene Kriterien und Tab. 2. Verhaltensbezogene Kriterien.

54 Siehe Abschnitt 2.4.2.

Theorie- und methodenbezogene Kriterien

	Gruenberger (1962)	Thagard (1978)	MacRobert (1982)	Radner / Radner (1982)	Ruse (1982)	Bunge (1982)	Kitcher (1982)	Grove (1985)	Langmuir (1989)	Glymore / Stalker (1990)	Derkson (1993)	Kitcher (2001)	Hines (2003)	Hansson (2008)	...
Kein wissenschaftlicher Fortschritt		✓	✓	✓		✓	✓	✓				✓			
Nicht falsifizierbare Annahmen	✓	✓	✓	✓	✓	✓	✓	✓	✓		✓	✓	✓	✓	
Eingebaute Methoden zur Immunisierung		✓	✓										✓		
Technische Mängel logischer und mathematischer Art	✓					✓			✓	✓		✓	✓		
Forschungsgegenstand ist nicht empirisch erfassbar				✓		✓									
Widerspruch zu etablierten Erklärungen und Theorien					✓							✓			
Probleme sind eher lebensweltlicher Art															
Empirische Falschaussagen					✓		✓					✓			
Unterstellung tieferer Bedeutung von Zufällen										✓	✓				
Fruchtbarkeit der Theorie	✓						✓								
Abwesenheit theoretischer Forschung	✓											✓			
Abwesenheit empirischer Forschung										✓					
Abwesenheit experimenteller Forschung										✓					
nichtreproduzierbare Experimente	✓												✓	✓	
keine wissenschaftliche Publikationspraxis	✓														
Keine Suche nach Gesetzmäßigkeiten					✓							✓			
Keine Erklärungen oder Voraussagen	✓				✓										
Verwendung von Daten minderer Qualität	✓	✓	✓	✓									✓	✓	
Täuschende Terminologie					✓					✓		✓			
...															

Tab. 1.2.2. A. Theorie- und methodenbezogene Kriterien.

Verhaltensbezogene Kriterien

	Gruenberger (1962)	Thagard (1978)	MacRobert (1982)	Radner / Radner (1982)	Ruse (1982)	Bunge (1982)	Kitcher (1982)	Grove (1985)	Langmuir (1989)	Glymore / Stalker (1990)	Derkson (1993)	Kitcher (2001)	Hines (2003)	Hansson (2008)	...
Mangelnde Bereitschaft zur Revision der eigenen Theorie	✓	✓	✓	✓		✓		✓			✓	✓	✓		
Mangelnde Bereitschaft zur Prüfung der eigenen Theorie		✓	✓			✓	✓				✓	✓		✓	
Ignorieren alternativer Erklärungen	✓				✓		✓				✓	✓			
Falschdarstellung alternativer Erklärungen					✓		✓					✓			
Verschweigen negativer Evidenzen	✓	✓			✓		✓					✓		✓	
Großer Anspruch bezüglich der Erklärungsfunktion	✓								✓						
Großer Anspruch bezüglich der Präzision	✓								✓						
Aufgabe von Erklärungen ohne Ersatz												✓		✓	
Initiationsriten und Autoritarismus	✓								✓		✓			✓	
ad-hoc-Immunisierungen	✓								✓		✓				
ad-hominem-Argumente	✓		✓		✓			✓		✓					
Verschiebung der Beweislast auf die Kritiker												✓	✓		
Ignorieren von neuen Methoden												✓			
Paranoides Verhalten	✓														
Betrugsabsicht											✓				
...															

Tab. 1.2.2. A. Theorie- und methodenbezogene Kriterien – Fortsetzung

Zu beobachten ist bezüglich der theorie- und methodenbezogenen Kriterien, dass ein weitgehend rationaler Konsens über den Nutzen des Kriteriums der Falsifizierbarkeit herrscht, wonach nicht falsifizierbare Annahmen charakteristisch für Pseudowissenschaften sind.[55] Wissenschaftshistorisch orientierte Autoren bemängeln die Abwesenheit wissenschaftlichen Fortschritts[56], ferner werden technische Mängel logischer und mathematischer Art und die Verwendung von Daten minderer Qualität kritisiert.[57] Im Zusammenhang der verhaltensbezogenen Kriterien werden zumeist die mangelnde Bereitschaft zur Revision der eigenen Theorie[58], die mangelnde Bereitschaft zur Prüfung der eigenen Theorie[59], das Ignorieren alternativer Erklärungen[60], das Verschweigen negativer Evidenzen[61], die Verwendung von Initiationsriten[62] und die Verwendung von ad-hominem-Argumenten[63] bemängelt.

1.2.3 Exkurs: Die Frage nach der Wertneutralität der Wissenschaft

Bevor die Schwierigkeiten besprochen werden, die einer Lösung des Demarkationsproblems im Wege stehen, sollte ein Exkurs zu einer angrenzenden Problematik erlaubt sein, die die Frage nach der Wertneutralität der Wissenschaft betrifft. Die Darstellung dieser Problematik wird die normative Funktion der Demarkationstheorie verständlich machen, die im zweiten Teil der vorliegenden Untersuchung formuliert wird.

---

55 Tab. 1. (Zweite Zeile): Gruenberger (1962); Thagard (1978); MacRobert (1982); Radner / Radner (1982); Ruse (1982); Bunge (1982); Kitcher (1982); Grove (1985); Langmuir (1989); Derkson (1993); Hines (2003) und Hansson (2008).

56 Tab. 1. (Erste Zeile): Thagard (1978); MacRobert (1982); Radner / Radner (1982); Bunge (1982); Kitcher (1982); Grove (1985); Kitcher (2001).

57 Tab. 1. (Dritte Zeile): Gruenberger (1962); Bunge (1982); Langmuir (1989); Glymore / Stalker (1990); Kitcher (2001) und Hines (2003). und Tab.1. (18. Zeile): Gruenberger (1962); Thagard (1978); MacRobert (1982); Radner / Radner (1982); Hines (2003) und Hansson (2008).

58 Tab. 2. (Erste Zeile): Gruenberger (1962); Thagard (1978); MacRobert (1982); Radner / Radner (1982); Bunge (1982); Grove (1985); Derkson (1993); Kitcher (2001) und Hines (2003).

59 Tab. 2. (Zweite Zeile): Thagard (1978); MacRobert (1982); Bunge (1982); Kitcher (1982); Derkson (1993); Kitcher (2001) und Hansson (2008).

60 Tab.2. (Dritte Zeile): Gruenberger (1962); Ruse (1982); Kitcher (1982) usw. und Derkson (1993).

61 Tab. 2. (Fünfte Zeile): Gruenberger (1962); Thagard (1978); Ruse (1982); Kitcher (1982) usw. und Hansson (2008).

62 Tab. 2. (Neunte Zeile): Gruenberger (1962); Langmuir (1989); Derkson (1993) und Hansson (2008).

63 Tab. 2. (11. Zeile): Gruenberger (1962); MacRobert (1982); Ruse (1982); Grove (1985) und Glymore / Stalker (1990).

Sollten Wissenschaftlicher sittliche Werturteile entwickeln und beispielsweise in ihrer Funktion als Sozialwissenschaftler Werturteile über die von der Politik anzustrebende Gesellschaftsordnung vorschlagen?[64] Max Weber, einer der Begründer der modernen Soziologie, beantwortete diese Frage negativ und entwickelte nach Schurz die erste detaillierte Ausarbeitung der Wertfreiheitsforderung (Forderung der Wertneutralität der Wissenschaft).[65] Weber vertrat mit Werner Sombart die Auffassung, dass die empirische Sozialforschung von der wertenden Beschreibung und damit der Formulierung von Werturteilen unterschieden werden sollte. Demgegenüber sprachen sich Ökonomen und Sozialwissenschaftler wie Gustav Schmoller für Kathederwertungen aus und formulierten konsequent Werturteile über die gegebene oder anzustrebende Gesellschaftsordnung. Webers Kritik an diesem Vorgehen richtete sich gegen die Scheinobjektivität dieser Praxis, d. h. gegen das mit der Autorität des Wissenschaftlers verkündete Werturteil, welches den Status deskriptiver Aussagen über die tatsächliche Beschaffenheit der sozialen Welt mit den präskriptiven Aussagen über deren moralische Wertigkeit verwechselt.[66] Dementsprechend argumentierte Weber nach Schurz für die Selbstbeschränkung der Wissenschaft auf deskriptive Urteile:

> „Werte sind keine Eigenschaften, die den Gegenständen selbst innewohnen, sondern beruhen auf subjektiven Interpretationen durch uns Menschen. Ebenso sind Normen keine objektiven Tatsachen, sondern menschengemachte Forderungen, die gewissen Werten zur Realisierung verhelfen sollen.“[67]

Wert- und Normsätze haben demnach nicht die Eigenschaft, anhand einer empirischen Basis auf ihre Korrektheit hin überprüft werden zu können. Diese Position darf nicht mit einem (negativen) Relativismus oder Skeptizismus verwechselt werden, welcher die prinzipielle Möglichkeit der Formulierung von abgeleiteten Werten oder Normen leugnet. Vielmehr kann diese Position, die auch Schurz teilt, als ein »positiver Relativismus« bezeichnet werden. Wert- und Normaussagen sind nur relativ zu fundamentalen Wertannahmen begründbar. Diese fundamentalen Wertannahmen sollten, was selbst wieder eine normative Aussage ist, explizit gemacht werden, um damit einem rationalen Diskurs zugänglich zu sein.[68] Dieser

---

64 Vgl. Schurz (2006), S. 39-46.

65 Schurz (2006), S. 39.

66 Ebenda.

67 Zit. Schurz (2006), S. 39.

68 Dies ist ein Grund, warum im zweiten Teil der vorliegende Untersuchung so viel Zeit auf die wissenschaftsphilosophischen Überlegungen verwendet wird, die im Hintergrund einer normativen Demarkationstheorie stehen. M. E. sollte eine Antwort auf F mehr sein als der Katalog von Kriterien, die an eine mutmaßlich pseudowissenschaftliche Theorie angelegt werden. Sie muss auch eine theoretische Rechtfertigung der normativen Praxis enthalten, wie später A_3 fordert. Siehe Abschnitt 1.3.

Sachverhalt ist nicht nur theoretisch, sondern auch praktisch plausibel, wie Schurz mit dem Verweis auf die schwierige Konsensbildung in Wertfragen zwischen den Angehörigen verschiedener Kulturen anmerkt.

Unter der Überschrift »Positivismusstreit« wurde die Diskussion um die Werturteilsfreiheit der Wissenschaft in den 1960er Jahren von neomarxistischen Strömungen wie der Frankfurter Schule wieder aufgegriffen, die im Zusammenhang ihrer kritischen Theorie den Positivismus angriffen. Der Hauptvorwurf der Vertreter der kritischen Theorie gegenüber den empirischen Sozialwissenschaftlern war, dass „eine rein deskriptiv bzw. ‚positivistisch' vorgehende Sozialwissenschaft [...] den Status Quo der unterdrückerischen Gesellschaftsverhältnisse nur theoretisch reproduzieren und dadurch implizit sanktionieren [...]" würde.[69] Demgegenüber war es der Anspruch einer kritischen Wissenschaft, die unter der Ägide der kritischen Theorie stünde, die positive Veränderung der Gesellschaftsordnung zu bewirken.

Schurz stellt fest, dass diese Kritik auf einem fatalen Missverständnis der Valenz und der Funktion empirischer Wissenschaft beruht. Denn die empirische Erforschung der objektiv gegebenen Welt (des Deskriptiven), die die Erforschung von Gesetzmäßigkeiten und damit des (naturgesetzlich, technisch oder praktisch) Möglichen und Unmöglichen einschließt, geht der normativen Tätigkeit des Gesellschaftskritikers voran. Deswegen ist es eine Aufgabe der im Wesentlichen positivistisch vorgehenden Sozialwissenschaft, die Grenzen der Gestaltung gesellschaftlicher Verhältnisse zu ziehen. Im Unterschied zum Vorhaben Max Horkheimers und Theodor Adornos, eine quasi-wissenschaftliche Rechtfertigung bestimmter Normen zu liefern, welche auf eine in ihren Augen positive Gesellschaftsordnung abzielen, war es nach Schurz die Auffassung von Popper und Albert „[...] es mit dem Aufzeigen gesellschaftlicher Veränderungsmöglichkeiten." zu belassen.[70] Die Findung von und das Bekenntnis zu bestimmten Werten seien hingegen der demokratischen Meinungsfindung zu überlassen. Dies bedeute für den in diesem Sinne positivistisch gesinnten Wissenschaftler nicht, dass er sich unter der Vorgabe der Wertneutralität jeder Wertaussage zu verweigern habe. Eine differenzierte Interpretation, inwiefern Wissenschaft wertneutral praktiziert werden sollte, kann positiv drei Vorkommnisse von Werten unterscheiden: Erstens kann das faktische Vorliegen von Wert- oder Normensystemen deskriptiv erforscht werden, ohne selbst wertende Aussagen vorzunehmen. So ist die Aussage, dass ein Individuum oder eine Gruppe von Individuen bestimmte Werte teilt und Normen vertritt, selbst weder eine Wert- noch eine Normaussage, sondern deskriptiv zu

69 Zit. Schurz (2006), S. 40.
70 Zit. Schurz (2006), S. 40.

verstehen. Ihre Bestätigung rekurriert folglich nur auf empirische Daten.[71] Zweitens können logische Beziehungen zwischen Wert- und Normaussagen im Zusammenhang formalwissenschaftlicher Forschung, wie beispielsweise in der Metaethik, der deontischen Ethik oder der Entscheidungstheorie, untersucht werden. Drittens können unter der Voraussetzung von Werten und Normen auf der einen und deskriptiven Wissen auf der anderen Seite vermittels Zweck-Mittel-Schlüssen abgeleitete Normen formuliert werden.[72] Diese dienen beispielsweise als Mittelempfehlungen, welche an die politischen oder gesellschaftlichen Entscheidungsträger weitergegeben werden können.[73] Die Auffindung von geeigneten und im besten Fall optimalen Mitteln für vorgegebene Zwecke in diesem Sinn ist eine wichtige Funktion der deskriptiven Wissenschaft. Sie gehorcht nach Schurz dieser logischen Form (allgemeines Schema des Zweck-Mittel-Schlusses):

> „Deskriptive Zweck-Mittel-Hypothese: M ist unter den gegebenen Umständen U ein notwendiges – oder alternativ: ein optimales – Mittel für die Realisierung von Z.
>
> ---
>
> Daher: Gegeben (fundamentale Norm:) Zweck Z soll realisiert werden, dann (abgeleitete Norm:) soll auch Mittel M realisiert werden."[74]

Unter der Voraussetzung, dass es sich bei M entweder um ein notwendiges oder optimales Mittel für die Realisierung von Z handelt, wird der Schluss von den Prämissen auf die Konklusion als gültig angesehen. Wenn es sich bei M jedoch um ein (lediglich) hinreichendes Mittel zur Realisierung von Z handelt, ist der Schluss von den Prämissen auf die Konklusion nicht gültig. Für viele Zwecke existieren mehrere hinreichende Mittel, die jeweils hinsichtlich der zu erwartenden Nebeneffekte zu beurteilen sind.

Fundamentale Normen, d. h. Zwecke Z, welche unter gegebenen Umständen U durch das notwendige oder alternativ optimale Mittel M realisiert werden sollen, werden zumeist wissenschaftsextern von der Politik oder der Gesellschaft vorgegeben. Die Empfehlung des Wissenschaftlers einer abgeleiteten Norm, unter bestimmten Konditionen ein bestimmtes Mittel M zu wählen, basiert u. a. auf dessen Fachwissen um die naturgesetzlichen und technischen Gesetzmäßigkeiten. Schurz weist ausdrücklich darauf in, dass die Empfehlung einer abgeleiteten Norm explizit hinsichtlich der fundamentalen Norm Z relativiert werden muss. Werden die fundamentalen Normen nicht durch den Wissenschaftler explizit

---

71 Schurz (2006), S. 40 f., der auf Weber (1968), S. 500 ff. verweist.

72 Schurz (2006), S. 41.

73 Wenn es um die Realisierung von (wissenschaftsinternen) Werten in Form von (wissenschaftsinternen) Normen und die Instrumentalisierung dieser Normen als Kriterien im Bewertungsprozess geht, werden Werte und Normen thematisiert. Siehe Abschnitt 2.4.1.

74 Zit. Schurz (2006), S. 41.

gemacht, besteht die Gefahr der Manipulation derjenigen Personen, welche die empfohlene abgeleitete Norm im besten Glauben an geteilte fundamentale Werte praktisch umsetzen. Dementsprechend besitzt die Explizitmachung fundamentaler Werte eine emanzipatorische und mittelbar ideologiekritische Funktion.[75]

Die Wertneutralitätsforderung wird von Schurz in zwei Schritten präzisiert, nämlich einerseits durch die Unterscheidung von wissenschaftsinternen und -externen Werten und andererseits durch die Unterscheidung von drei Phasen des Forschungsprozesses (Entstehungs-, Begründungs- und Verwertungszusammenhang).[76]

Zunächst greift Schurz die Überlegung auf, dass Wissenschaft prinzipiell nicht in einem absoluten Sinne wertfrei oder wertneutral sein kann, weil sie selbst auf gewissen internen Werten beruht. Wird beispielsweise der fundamentale (wissenschaftsinterne) Wert vertreten, dass Wissenschaft die Suche nach möglichst allgemeinen und gehaltvollen Wahrheiten bedeutet, was ein plausibles oberstes Erkenntnisziel der empirischen Forschung darstellt, wird damit ein Wert implizit in wissenschaftlichen Begründungen vorausgesetzt. Die Wertneutralitätsforderung muss sich dementsprechend auf wissenschaftsexterne Werte beziehen und räumt damit fundamentalen und abgeleiteten wissenschaftsinternen Werten einen legitimen Ort in der Wissenschaft ein.

Jedoch genügt dieser Präzisierungsschritt nicht, in dem wissenschaftsinterne und -externe Werte voneinander unterschieden werden, denn Wissenschaft beziehungsweise wissenschaftliche Forschung kann als ein gesellschaftlicher Prozess aufgefasst werden. Die übliche Unterscheidung von drei Phasen des Forschungsprozesses, nämlich des Entstehungs-, des Begründungs- und des Verwertungszusammenhang, ermöglicht eine präzisierte Formulierung der Wertneutralitätsforderung. Im Entstehungszusammenhang (EZ) werden die wissenschaftlich relevanten Probleme entworfen und damit der Untersuchungsgegenstand, die zu verwendenden Methoden und Theorien festgelegt. Im Begründungszusammenhang (BZ) werden Daten erhoben, Hypothesensysteme entwickelt und anhand der Daten überprüft. Im Verwertungszusammenhang (VZ) werden schließlich die zuvor begründeten Erzeugnisse des Forschungsprozesses für die Gesellschaft nutzbar gemacht.

Diese Zusammenhänge sind offenbar von wissenschaftsinternen und wissenschaftsexternen Werten abhängig. So wird die Problemselektion im EZ unter anderem durch wirtschaftliche oder politische Interessen vorgegeben, welche an die

---

75 Später wird sich zeigen, dass mit dem obersten Erkenntnisziel (Z) ein plausibler fundamentaler und wissenschaftsinterner Wert der Wissenschaft zu sehen ist. Durch die Explizitmachung dieses Wertes für die im zweiten Teil der vorliegenden Untersuchung formulierte Demarkationstheorie, erfüllt diese selbst, obwohl es sich um eine explizit normative Theorie handeln wird, die Wertneutralitätsforderung. Siehe Abschnitte und 2.1.1.-2.1.4 und 2.4.1.

76 Schurz (2006), S. 45.

Fachwissenschaftler herangetragen werden oder sie entspringen den subjektiven Interessen der Forscher, welche sich um die Lösung einer Forschungsfrage bemühen. Ebenso werden die Methoden der Forschung, die als ethisch akzeptabel angesehen werden, durch wissenschaftsexterne Wertvorstellungen tangiert. Beispielsweise kann im EZ kontrovers diskutiert werden, ob das fremdverschuldete Leid von Tieren in Anbetracht eines zu erwartenden Nutzens aus der tierexperimentellen Praxis tolerabel ist. Gleichfalls kommen im VZ wissenschaftsexterne Werte zum Tragen, wenn es beispielsweise um die technische Anwendung wissenschaftlicher Erkenntnis geht.

Die Präzisierung der Wertneutralitätsforderung, welche Schurz letztendlich vorschlägt, nimmt sowohl die Unterscheidung zwischen wissenschaftsinternen und -externen Werten, als auch die Unterscheidung der drei Phasen des Forschungsprozesses auf.

> W: „Ein bestimmter Bereich der Wissenschaften, nämlich ihr Begründungszusammenhang, soll frei sein von fundamentalen wissenschaftsexternen Wertannahmen."[77]

Diese präzisierte Wertneutralitätsforderung W kann innerhalb eines Schemas dargestellt werden, welches später nützlich sein wird, um verschiedene Defizite von Pseudowissenschaften zu charakterisieren, die in den Multikriterienansätzen erfasst wurden.[78] Beispielsweise werden Revisionen an pseudowissenschaftlichen Theorien von deren Vertretern tendenziell nur unter äußerem (wissenschaftsexternem) Druck vorgenommen.[79] Betrachten wir dazu die schematische Darstellung der Wertneutralitätsforderung, die Schurz vorschlägt.

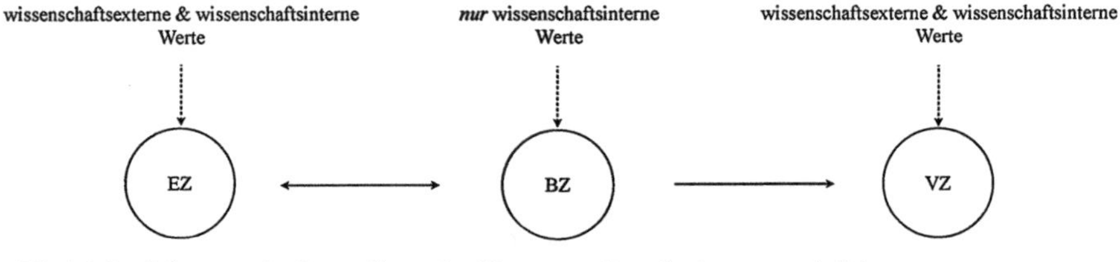

Abb. 1.2.3. Schematische Darstellung der Wertneutralitätsforderung nach Schurz.

Anhand dieses Schemas ist ersichtlich, in welcher Relation die drei Phasen des Forschungsprozesses zueinander stehen.[80] Der Doppelfeil, welcher zwischen EZ und

77 Zit. Schurz (2006), S. 45.
78 Siehe Abschnitt 1.2.2.
79 Siehe Abschnitt 2.2.
80 Zit. Schurz (2006), S. 46.

VZ steht, verdeutlicht, dass ein korrektiver Rückbezug des Begründungszusammenhanges auf die Problemselektion im Entstehungszusammenhang denkbar ist.[81]

> „Es kann sich im Verlauf der wissenschaftlichen Forschung [BZ] herausstellen, dass zur Erfassung der relevanten Ursachen die Berücksichtigung von Parametern nötig ist, von denen in (EZ) bereits abstrahiert wurde.“[82]

Die Selektion von Problemen, Theorien und Methoden, welche im EZ vorgenommen wurde, kann deswegen immer nur vorläufig sein und muss die Möglichkeit einräumen, die im BZ begründeten Erkenntnisse als Korrektiv zu berücksichtigen. Insbesondere muss dies erlaubt sein, wenn die im BZ gewonnenen Erkenntnisse Annahmen im EZ oder mittelbar wissenschaftsexternen Wertannahmen widersprechen.

Der erkenntnistheoretische und sprachphilosophische Hintergrund von W besteht in der Annahme, dass erstens zwischen Erfahrungssätzen und Werturteilen unterschieden werden kann und zweitens fundamentale Norm- und Wertaussagen nicht erfahrungswissenschaftlich begründet werden können. Gegen die metaethische Position des Wertempirismus, dass dies möglich sei, bringt Schurz zwei Argumente vor, nämlich das Normalbedingungsargument und das Unabhängigkeitsargument.[83]

Wertempiristen vertreten die Auffassung, dass es eine besondere Art von Werterfahrungen gibt, die als Grundlage für die Überprüfung fundamentaler Wertaussagen herangezogen werden kann. Damit behaupten sie eine zur Überprüfung empirischer Aussagen in den Erfahrungswissenschaften analoge Methode in ethischen Begründungsfragen. Die beiden von Schurz gegen den Wertempirismus vorgebrachten Argumente zeigen, dass sich (echte) Sinneserfahrungen anders verhalten als Werterfahrungen.

Das Normalbedingungsargument besagt, dass „Intersubjektiv abweichende Wahrnehmungsurteile […] nahezu immer auf Defekte in den Normalbedingungen der Beobachtung zurückgeführt werden“ können.[84] Im Vergleich dazu ist dies bei intersubjektiv abweichenden Werturteilen im allgemeinen nicht möglich. Wird einer Person S beispielsweise ein einfarbig blauer Ball ins Gesichtsfeld gehalten, sodass S diesen Ball sieht, und würde S beharrlich sagen, dass sie vor sich keinen blauen Ball sehe, würden wir mutmaßen, dass bei S bestimmte Normalbedingungen der Beobachtung nicht erfüllt sind. Normalbedingungen der Beobachtung umfassen beispielsweise die physikalischen Normalbedingungen, unter denen die Beobachtung vorgenommen wird (ausreichende Beleuchtung

---

81 Ebenda.

82 Zit. Ebenda.

83 Schurz (2006), S. 62 ff.

84 Zit. Schurz (2006), S. 62.

usw.), biologische / physiologische Normalbedingungen (kein Defekt an den Sinnesorganen oder dem Nervensystem von S usw.), psychologische Normalbedingungen (S befindet sich in einem psychisch normalen Wachzustand, S lügt nicht usw.) oder sprachliche Normalbedingungen (S versteht die Frage, nach ihrem visuellen Eindruck, S ist ein kompetenter Sprecher usw.). Falls S auf ihrer Aussage beharren würde, dann würden wir im Fall von Beobachtungsaussagen nach Verletzungen der Normalbedingungen der Beobachtung suchen, die sich prima facie für den experimentellen Beobachtungsakt des einfarbig blauen Balls ergeben. Anders verhält es sich bei intersubjektiv abweichenden Werturteilen. Bei diesen sind wir im Regelfall nicht berechtigt, abweichende moralische Normalbedingungen anzunehmen und ein abweichendes Werturteil als moralisch minderwertig zu beurteilen.[85]

Das Unabhängigkeitsargument besagt, dass die werthaft-moralische oder werthaft-ästhetische Interpretation unserer Wahrnehmung von unseren ethischen und ästhetischen Hintergrundannahmen abhängt.[86] Im Gegensatz dazu sind unsere Wahrnehmungseindrücke selbst gegenüber radikalen Änderungen unserer deskriptiven Hintergrundtheorien geschützt. Beispielsweise ändert sich die Wahrnehmung eines einfarbig blauen Balls unter Normalbedingungen nicht, wenn wir ein elaboriertes Wissen über die physikalischen Grundlagen von Farben und Lichtbrechung erwerben.[87]

Dieser Exkurs, der eine verwandte Problematik betraf, war für die vorliegende Untersuchung aus verschiedenen Gründen relevant. Erstens ziehen Pseudowissenschaftler oftmals (implizite oder explizite) wissenschaftsexterne Werte zur Rechtfertigung von Erkenntnisansprüchen heran. Beispielsweise argumentieren manche Vertreter des modernen Kreationismus, dass die Evolutionstheorie und Taxonomie der Zoologie die moralisch unannehmbare Behauptung machen, dass Homo sapiens mit anderen (nicht-menschlichen) Tieren gemeinsame Vorfahren teilt, folglich seien diese Erkenntnisse der Biologie abzulehnen. Dahinter steht die werthafte Vorstellung, dass eine solche empirische Konsequenz der Würde des Menschen abträglich sei. Insofern stellt die von Schurz mit W positiv gegebene Antwort auf die Frage nach der Möglichkeit der Werturteilsfreiheit der Wissenschaft wissenschaftsinterne Normen und damit Kriterien der Bewertung von pseudowissenschaftlichen Behauptungen und Theorien bereit.

---

85 Schurz schließt damit nicht aus, dass es tatsächlich Fälle von psychopathologischer Gewissensblindheit gibt, die einer psychologischen Heilung bedürfen. Vgl. Schurz (2006), S. 63.

86 Schurz (2006), S. 63 f.

87 Noch eindrucksvoller kann der Wechsel der werthaft-ästhetischen (kulinarischen) Beurteilung von tierischen Erzeugnissen sein, wenn wir wissen, wie beispielsweise Wurst- und Fleischwaren tatsächlich produziert werden.

Zweitens wurden in diesem Exkurs zwei wichtige Unterscheidungen angesprochen, nämlich diejenige zwischen wissenschaftsinternen und -externen Werten und diejenige zwischen den drei Phasen des Forschungsprozesses. Die erste Unterscheidung musste deswegen angesprochen werden, weil es bei der Bewertung des wissenschaftlichen Status einer vermutlich pseudowissenschaftlichen Theorie um die Anwendung von Kriterien geht, die letztlich wissenschaftsinterne Normen sind, die auf fundamentale wissenschaftsinterne Werte zurückgehen.[88] Die zweite Unterscheidung verweist zudem auf die Frage, auf welche Phase des Forschungsprozesses (EZ, BZ oder VZ?) sich die Kritik an einer mutmaßlich pseudowissenschaftlichen Theorie zu richten hat.[89]

Drittens wird im praktischen Teil der vorliegenden Untersuchung, wenn es um die Bewertung des wissenschaftlichen Status des Intelligent Design und den sog. Syntheseskandal geht, immer wieder auf W oder auf abgeleitete (wissenschaftsinterne) Normen rekurriert werden müssen.[90]

1.2.4 Schwierigkeiten

In der jüngeren Literatur zum Demarkationsproblem sind verschiedene Tendenzen zu erkennen, die dessen Lösung und damit eine Antwort auf die untersuchungsleitende Frage F erschweren.

Gegenwärtig wird die Diskussion (s.o.) von multikriteriellen Ansätze dominiert, die teilweise heterogene Kriterienkataloge verwenden. Darunter wird, wie bereits angesprochen wurde, Falsifizierbarkeit immer wieder als ein zentrales Demarkationskriterium aufgezählt. Die Kriterien selbst werden entweder als (wissenschaftsinterne) Normen formuliert oder direkt als charakterisierende Mängel an einheitlich akzeptierten Beispielen für Pseudowissenschaften. Sie beziehen sich der Sache nach auf individuelles oder kollektives Verhalten, Methoden oder Theorien.

Zudem wird die Diskussion durch eine tendenziell undifferenzierte und von Autor zu Autor divergierende Terminologie erschwert. Es wird dabei nicht hinreichend zwischen »un-«, »nicht-« und »pseudowissenschaftlich« unterschieden. Ein weiterer terminologischer Gesichtspunkt, der einer zielführenden Lösung im Wege steht, ist die ausfallende Sprache mancher Kritiken.[91] Sie provoziert mitunter den Vorwurf, dass es sich beim Begriff der »Pseudowissenschaft« lediglich um einen Demarkations- und Stigmatisierungsbegriff handeln würde, der keiner-

88 Siehe Abschnitt 2.4.a.
89 Siehe Abschnitt 2.2.
90 Siehe Abschnitte 3.3. und 3.4.
91 Siehe Abschnitt 2.5.

lei kognitive Funktion habe. Die drei funktionalen Anforderungen (A_1 bis A_3), welche im nächsten Abschnitt formuliert werden, gründen auf der Annahme, dass dieser Vorwurf zu bezweifeln ist. Gegen die These der Irrelevanz des Begriffs der Pseudowissenschaft, die nicht zuletzt in vielen der Beiträge des jüngst unter dem Titel *Pseudowissenschaft* erschienen Sammelbandes von Dirk Rupnow oder auch in Laudans Kritik anklingt, möchte ich verschiedene Argumente vorbringen.[92]

Trotz der ausgemachten Probleme kann nicht die Rede davon sein, dass die Unterscheidung von Wissenschaft und Pseudowissenschaft lediglich der Ausdruck der negativen Gefühle gegenüber den Vertretern einer Pseudowissenschaft oder der Pseudowissenschaft selbst ist. Dies wird insbesondere von postmodernen Wissenschaftshistorikern oder Wissenschaftssoziologen nahegelegt, welche auf die Verwendungsweise des Begriffs »Pseudowissenschaft« als Stigmatisierungsbegriff hinweisen.[93]

Es kann als eine nicht reduzierbare Eigenschaft eines Begriffs verstanden werden, der ein Mängelmerkmal erfasst, dass er stigmatisierend wirkt. Wenn Begriffe wie »unwissenschaftlich« oder »pseudowissenschaftlich« nicht in gewisser Hinsicht stigmatisierend wären, dann bräuchten wir sie nicht.[94] Gleichzeitig wird in der vorliegenden Untersuchung die Warnung wahrgenommen, dass uns in einem schwachen Moment ein solcher Begriff dazu verführen kann, zu einem vorschnellen Urteil zu greifen, obwohl sich die Bewertung des wissenschaftlichen Status einer (mutmaßlich) pseudowissenschaftlichen Theorie einer einfachen Antwort entzieht. Dies kann aber nicht mehr sein als die Ermahnung, den Bewertungsprozess selbst in den Blick zu nehmen, ihn theoretisch zu untermauern und ihm eine systematische Form zu geben.

Wie die zu Beginn dargestellte Typologie von Abgrenzungsfragen zeigt, ist vor dem Hintergrund der intuitiv eingeführten Terminologie der vier Grundbegriffe die Unterscheidung verschiedener Abgrenzungsfragen möglich. Die beispielsweise von Thiel und Walther geäußerte Kritik, dass die grundsätzliche Terminologie der Wissenschaftsantonyme ungeklärt sei, stellt somit keine unüberwindbare Hürde dar.[95] Sie bedarf jedoch einer theoretischen Ausarbeitung. Es kann auch nicht ernsthaft bezweifelt werden, dass es sich bei dem Demarkations-

92 Vgl. Rupnow (2008) und darin insbesondere den Artikel von Thiel und Walther, die auf die Praxis der unwissenschaftlichen Verwendung des Begriffs der Pseudowissenschaft hinweisen und dabei selbst wenig wissenschaftsphilosophische Literatur vorweisen. (Thiel / Walther (2008), S. 308 f.).

93 Diese Kritik ist im wissenschaftshistorischen Sammelband von Rupnow omnipräsent. Vgl. Rupnow et al. (2008).

94 Vgl. Hansson (2008), Abschnitt 2.

95 Thiel / Walther (2008), S. 309.

problem in der vorgeschlagenen Formulierung (F) und Typisierung als extern-normative Abgrenzungsfrage um ein aktuell drängendes Problem handelt. Eine gegenteilige Behauptung, wie sie beispielsweise von Michael Hagner geäußert wird, möchte ich bezweifeln.[96] Es sind alleine in den letzten Jahren eine Vielzahl von Beiträgen zur speziellen Frage nach dem wissenschaftlichen Status des Intelligent Design erschienen, der jüngsten Variante kreationistischen Denkens. An dieser Stelle sei auch auf den von Martin Curd und Jan Cover herausgegebenen Sammelband *Philosophy of Science – The Central Issues* hingewiesen, in dem die Problematik der Unterscheidung von Wissenschaft und Pseudowissenschaft das erste Kapitel einnimmt.[97] Die Tatsache, dass es sich bei der Frage nach der Möglichkeit der Abgrenzung von Wissenschaft und Pseudowissenschaft um ein Thema der Wissenschaftstheorie handelt, welches viele Wissenschaftstheoretiker nicht zur Formulierung diamantharter Unterscheidungskriterien motivieren mag, wie es Hagner formuliert, kann durch die Dissoziation der Fragestellungen und ein gereiftes Problembewusstsein für die theoretische Fundierung der Demarkationskriterien erklärt werden.

Der Begriff der »Pseudowissenschaft« ist weder ein Relikt der szientistischen Wissenschaftstheorie des Wiener Kreises, noch ein bloßer Demarkations- und Stigmatisierungsbegriff, den es mit einem soziologisch-historisierenden Verständnis von Wissenschaft zu überwinden gilt. Er ist vielmehr rational erfassbar und besitzt eine kognitive Funktion, die durch eine Demarkationstheorie fundiert werden sollte.

1.3 Funktionale Anforderungen an eine Demarkationstheorie

Zuvor wurde festgestellt, dass F eine Demarkationstheorie einfordert, und es wurde gezeigt, welche Ansätze und insbesondere welche Demarkationskriterien diesbezüglich in der Wissenschaftstheorie seit 1930 diskutiert wurden. Im anschließenden zweiten Teil der Masterarbeit wird mit D eine Demarkationstheorie vorgeschlagen werden, die drei funktionale Anforderungen erfüllen soll:

A_1: Abgrenzungsfunktion: D muss die Abgrenzung von Wissenschaft und Pseudowissenschaft im Einzelfall ermöglichen und idealerweise auch bei der Beantwortung von verwandten Abgrenzungsfragen helfen.

A_2: Methodenfunktion: D muss eine Methode der Abgrenzung von Wissenschaft und Pseudowissenschaft bereitstellen.

96 Hagner (2008), S. 33.
97 Vgl. Curd / Cover (1998), S. 1-82.

A_3: Rechtfertigungsfunktion: D muss die intuitiv eingeführten Unterscheidungen und insbesondere die Methode der Abgrenzung von Wissenschaft und Pseudowissenschaft rechtfertigen.

A_1 stellt die Anforderung an D, in konkreten Einzelfällen die Bewertung des wissenschaftlichen Status einer bestimmten Theorie zu ermöglichen, da dies die Form ist, in der die Abgrenzung von Wissenschaft und Pseudowissenschaft immer vorzunehmen sein wird. Vermittels der Anwendung der Methode der Abgrenzung, die nach A_2 von D bereitgestellt werden muss, sollte ersichtlich sein, inwiefern eine bestimmte Pseudowissenschaft von einem vorgegebenen Verständnis von Wissenschaft abweicht und inwiefern sie ein systematisches Defizit aufweist. A_3 stellt die Anforderung, das vorgegebene Verständnis von Wissenschaft, seine Grenzen zu komplementären Phänomenen und die Methode der Abgrenzung theoretisch zu begründen.

Die Rede von einer »Abgrenzungs-« oder »Demarkationstheorie« ist deswegen angebracht, weil zwischen dem Wissenschaftsbegriff auf der einen und den drei Wissenschaftsantonymen auf der anderen Seite schon aus logischen Gründen nicht mit genau einem Kriterium unterschieden werden kann. Es sind somit in jedem Fall mehrere Kriterien notwendig, um hinreichend zwischen den intuitiv eingeführten Begriffen zu differenzieren.

2. Versuch einer Demarkationstheorie

Wir wissen nun, was unter der untersuchungsleitenden Frage F zu verstehen ist, nämlich die extern-normative Abgrenzungsfrage, deren Antwort in Form einer Demarkationstheorie D zu suchen ist, an welche die funktionalen Anforderungen A_1 bis A_3 gestellt werden. Diese Anforderungen werden nun Schritt für Schritt behandelt und es wird zunächst um die Formulierung von D und einer Bewertungsheuristik gehen. Wir sollten dazu mehrere Teilfragen unterscheiden, die als Orientierungs- und Bezugspunkte bei der Formulierung dienen können. Sie werden zudem nützlich sein, um die zuvor ausgemachten Schwierigkeiten zu überwinden, die der Lösung des Demarkationsproblems im Wege stehen. Dass die funktionalen Anforderungen A_1 und A_2 tatsächlich erfüllt wurden, wird dann im praktischen Teil der vorliegenden Untersuchung gezeigt werden.

Die sechs Teilfragen lauten:

> Was ist der Bewertungsnutzen, d. h. welcher Nutzen ist von der Bewertung des wissenschaftlichen Status einer mutmaßlichen Pseudowissenschaft zu erwarten?
>
> Was ist der Bewertungszusammenhang, d. h. welche Phase des Forschungsprozesses sollte untersucht werden, um den wissenschaftlichen Status einer mutmaßlichen Pseudowissenschaft zu bewerten?
>
> Was ist der Bewertungsgegenstand, d. h. was kann als »Pseudowissenschaft« oder »pseudowissenschaftlich« bezeichnet werden?
>
> Was ist die Bewertungsgrundlage, d. h. welche Daten sollten die Grundlage der Bewertung des wissenschaftlichen Status einer mutmaßlichen Pseudowissenschaft bilden?
>
> Was sind die Bewertungskriterien, d. h. welche Kriterien sollten bei der Bewertung einer mutmaßlichen Pseudowissenschaft berücksichtigt werden?
>
> Was ist eine gute Bewertungsheuristik, d. h. wie sollte die Bewertung des wissenschaftlichen Status einer Pseudowissenschaft konkret vollzogen werden?

2.1 Philosophische und terminologische Voraussetzungen

Bevor wir die sechs Teilfragen von F als Orientierungs- und Bezugspunkte zur Formulierung von D verwenden, sollten die philosophischen und terminologischen Voraussetzungen geklärt werden.

2.1.1 Terminologie

Die terminologischen Voraussetzungen von D bestehen in der Voraussetzung des Wissenschaftsbegriffs sowie seiner drei Antonyme, der Klärung des Begriffs der »Bewertung«, der die Differenz von D gegenüber herkömmlichen Ansätzen markiert, und in einem Kommentar zu den Interpretationsmöglichkeiten des Präfix »pseudo-« in »Pseudowissenschaft«.

Die zentrale Anforderung an D ist die Angabe einer Methode der Abgrenzung von Wissenschaft und Pseudowissenschaft, die im Einzelfall die Typisierung einer Theorie mit wissenschaftlichem Erkenntnisanspruch ermöglicht. Diese Abgrenzung soll innerhalb des Rahmens der vier Grundbegriffe ermöglicht werden, die zuvor intuitiv eingeführt wurden. Es geht somit um die Abgrenzung von Wissenschaft und Pseudowissenschaft im Sinne der Bewertung einer bestimmten Theorie. »Bewertung« kann deswegen in D als der zentrale Begriff angesehen werden.

In D geht es in erster Linie um die Bewertung einer bestimmten Theorie hinsichtlich ihres wissenschaftlichen Status, die unter dem Verdacht steht, pseudowissenschaftlich zu sein. Nur in zweiter Linie geht es um die Angabe von notwendigen und hinreichenden Kriterien für Wissenschaft oder Pseudowissenschaft. Anstelle von einem oder mehreren Demarkationskriterien wird es in D um Bewertungskriterien und die normative Praxis gehen, den wissenschaftlichen Status einer Theorie mit wissenschaftlichem Anspruch zu bewerten. Der Grund dafür liegt im prototypischen Charakter des Wissenschaftsbegriffs und seiner Antonyme, der einen Perspektivenwechsel nahelegt. Die herkömmlich Vorstellung ist, dass es eine oder mehrere notwendige Eigenschaften von Wissenschaft geben würde, beziehungsweise eines oder mehrere notwendige Demarkationskriterien, welche die Unterscheidung von Wissenschaft und Pseudowissenschaft ermöglichen könnten. Diese Auffassung wird hier nicht geteilt, stattdessen wird in D der prototypische Charakter des Wissenschaftsbegriff angenommen und seine Explikation angestrebt, sodass unter Zuhilfenahme einer Bewertungsmethode (Bewertungsheuristik) der wissenschaftliche Status einer mutmaßlichen Pseudowissenschaft als spezifische Differenz zum explizierten Wissenschaftsbegriff bestimmt werden kann. Dies ist mit »Bewertung« gemeint.

Wie sollte das Präfix »pseudo-« interpretiert werden? Dass es sich bei Pseudowissenschaften nur scheinbar um Wissenschaften handelt, dürfte aus begrifflichen Gründen ersichtlich sein, aber was heißt es genau, dass Pseudowissenschaften eine täuschende Eigenschaft besitzen? Die folgenden Überlegungen werden später relevant sein, um den Bewertungsnutzen, die Bewertungsgrundlage und den Bewertungsgegenstand zu bestimmen.

Um verschiedene Interpretationen des Präfix systematisch zu unterscheiden, deuten wir das Prädikat »täuschen« als eine dreistellige Relation (Rxyz) und zwar in dem Sinne, dass X Y mit Z täuscht. X ist das Subjekt der Täuschung, Y ist das Objekt der Täuschung und Z ist das Instrument oder Mittel der Täuschung. Offenbar lassen sich für diese drei Stellen verschiedene Gegenstände identifizieren. Was das Subjekt der Täuschung betrifft, schwanken üblicherweise die Interpretationen zwischen der Auffassung, dass Individuen oder Kollektive intentional oder nicht intentional täuschen, und derjenigen, dass die täuschende Eigenschaft von der pseudowissenschaftlichen Theorie oder den involvierten Methoden ausgeht. Beide Interpretationen können sinnvoll sein, insofern einzelne Personen nach unserem Sprachempfinden genauso pseudowissenschaftlich tätig sein können wie Kollektive von Pseudowissenschaftlern, und auch Theorien unabhängig von ihrer sozialen Einbettung wissenschaftlich wirken können. Wissenschaftstheoretiker wie Kitcher sprechen sich insbesondere für eine soziale Interpretation der täuschenden Eigenschaft aus, die individuellem oder kollektivem Verhalten zukommt.[98] Wir sollten an dieser Stelle bedenken, dass das Prädikat »täuschen« im Deutschen eher als ein Verhalten bezeichnet wird, bei dem bewusst etwas als etwas anderes dargestellt wird. Jedoch ist im Fall von Pseudowissenschaften die Absichtlichkeit der Falschdarstellung nicht notwendigerweise gegeben. So können wir im Fall von psychoanalytischen Theorien oder des sog. wissenschaftlichen Kreationismus davon ausgehen, dass deren Vertreter tatsächlich glauben, dass es sich bei ihren Theorien um echte wissenschaftliche Theorien handeln würde. Dies verweist auf die zweite Interpretation des Subjekts der Täuschung, die als Gegenstand Theorien und Methoden in den Blick nimmt.

Wenn wir nach der täuschenden Eigenschaft einer mutmaßlichen Pseudowissenschaft fragen, dann sollten wir beachten, dass je nach vertretener Interpretation auch unterschiedliche Instrumente der Täuschung in Frage kommen. Mögliche Instrumente der Täuschung, die sich auf individuelles oder kollektives Verhalten beziehen, sind das Ignorieren alternativer Erklärungen, das Verschweigen negativer Evidenzen oder die Verwendung von Initiationsriten. Folgt man hingegen einer theorie- oder methodenbezogenen Interpretation, ist beispielsweise auf die Verwendung von nicht falsifizierbaren Annahmen zur Immunisierung oder die Verwendung einer wissenschaftlich klingenden – aber letztlich unklaren – Terminologie zu achten. Diese Charakteristika von Pseudowissenschaften, die von verschiedenen Autoren identifiziert wurden (s.o.), wecken bei Experten oder bei Laien den Eindruck, dass es sich um wissenschaftliche Theorien handeln würde.

Experten und Laien sind in den verschiedenen Pseudowissenschaften in einem unterschiedlichen Maße als Objekt der Täuschung adressiert. Die meisten Pseudowissenschaften, die einer etablierten wissenschaftlichen Auffassung entgegenstehen, werden von ihren Vertretern an interessierte Laien kommuniziert.

98 Kitcher (2009), S. 124.

In seltenen Fällen, beispielsweise im Fall der Psychoanalyse oder der Homöopathie, werden pseudowissenschaftliche Theorien jedoch auch explizit an Wissenschaftler herangetragen und sind sogar Gegenstand der akademischen Ausbildung.

Im Folgenden wird die Auffassung vertreten, dass die täuschende Eigenschaft, die im Präfix »pseudo-« angedeutet wird, eher als das Resultat individuellen oder kollektiven Verhaltens zu interpretieren ist, da die Beschaffenheit einer Theorie, die beispielsweise eine lediglich wissenschaftlich klingende Terminologie oder Immunisierungsstrategien verwendet, im Wesentlichen als ein Produkt des Verhaltens von Pseudowissenschaftlern zu verstehen ist. Zudem wird uns oftmals der pseudowissenschaftliche Charakter einer Theorie erst dann deutlich, wenn wir sehen, wie deren Vertreter sich in dem komplexen sozialen Prozess verhalten, den wir als Wissenschaft oder Forschung auffassen.[99]

Worin genau besteht die Täuschung, die von einer Pseudowissenschaft ausgeht? Interessanterweise nimmt genau diese Frage in der Literatur zum Demarkationsproblem eine untergeordnete Stellung ein. Zumeist geht es um die konkreten Mechanismen der Täuschung, die von Pseudowissenschaftlern verwendet werden. Dabei sind zwei Wirkungen voneinander zu unterscheiden, die insbesondere im Fall des modernen Kreationismus zu beobachten sind. Pseudowissenschaftler, die ihre Theorie explizit als Alternative zu einer etablierten Lehrmeinung präsentieren, täuschen nicht nur hinsichtlich des wissenschaftlichen Status ihrer eigenen Theorie, sondern auch hinsichtlich des wissenschaftlichen Status der etablierten Theorie. Insbesondere wurde diese Wirkung von Wissenschaftstheoretikern wie Kitcher oder Ruse belegt, die auf den im Wesentlichen negativen Gehalt des sog. »Intelligent Design« hinweisen.[100] Demgegenüber beziehen Pseudowissenschaften ohne ein explizites Feindbild, beispielsweise okkulte Vorstellungen von Geistern, die mit scheinbar wissenschaftlichen Mitteln gesucht werden, oder die experimentelle Parapsychologie, keine Stellung gegenüber den etablierten Theorien der Wissenschaft, die als Täuschungsversuch interpretiert werden kann. In diesen Fällen besteht die täuschende Eigenschaft allein in der Fehldarstellung des wissenschaftlichen Status der pseudowissenschaftlichen Theorie.

Als Faustregel sollten wir Subjekt, Objekt und Instrument der Täuschung unterscheiden, um die täuschende Eigenschaft einer mutmaßlichen Pseudowissenschaft zu erfassen. Als Ausgangspunkt dient die Frage, ob wir von einer Täuschung im Sinne eines theorie- oder methodenbezogenen oder eines personenbezogenen Begriffes sprechen wollen. Damit haben wir ein Vorverständnis für das Präfix

---

99 Aus diesem Grund werde ich an späterer Stelle dafür plädieren, nicht nur theorie- und methodenbezogene Kriterien zur Bewertung des wissenschaftlichen Status einer mutmaßlichen Pseudowissenschaft zu verwenden, sondern auch verhaltensbezogene Kriterien. (Siehe Abschnitt 2.4.3)

100 Siehe Abschnitt 3.3.

»pseudo-« in »Pseudowissenschaft« und wir kennen die Stoßrichtung von D, worin es um die Bewertung von Theorien mit wissenschaftlichem Anspruch geht.

Im Folgenden soll das prototypische Verständnis von Wissenschaft expliziert werden, von dem wir Pseudowissenschaften in konkreten Einzelfällen abgrenzen wollen. Dieses Vorverständnis gewinnen wir aus der Wissenschaftstheorie, weswegen wir uns im Folgenden ihrer Methode zuwenden.

2.1.2 Rationale Rekonstruktion als Methode der Wissenschaftstheorie

Die Methode der Wissenschaftstheorie kann als rationale Rekonstruktion aufgefasst werden, die auf die Entwicklung von verallgemeinerten und logisch möglichst präzisen Modellen von wissenschaftlicher Erkenntnis abzielt, und D als eine praktische Anwendung dieser Methode. Diese steht nach Schurz im Spannungsfeld von zwei Polen, nämlich dem deskriptiven und dem normativen Korrektiv. Das deskriptive Korrektiv besteht aus einer Reihe von Musterbeispielen und Mustergegenbeispielen für erfolgreiche wissenschaftliche Erkenntnis, über die ein rationaler Konsens unter Wissenschaftlern und Wissenschaftstheoretikern besteht. Diese Musterbeispiele und Mustergegenbeispiele für wissenschaftliche Erkenntnis sollen adäquat rekonstruiert werden. Das normative Korrektiv besteht an erster Stelle aus dem obersten Erkenntnisziel und an zweiter Stelle aus einem minimalen erkenntnistheoretischen Modell, die den empirischen Wissenschaften gemeinsam sind. Es erklärt, was unter der wissenschaftlichen Erkenntnis zu verstehen ist, die von den wissenschaftlichen Disziplinen angestrebt wird, und unter welchen Voraussetzungen sie erreicht werden kann.[101] Im Einzelnen besteht es aus fünf erkenntnistheoretischen Annahmen und damit verbundenen wissenschaftsinternen Werten, die normalerweise in den empirischen Wissenschaften vorausgesetzt werden, nämlich der Annahme eines minimalen Realismus (E_1), einer kritischen Einstellung und der damit verbundenen Annahme der Fehlbarkeit menschlicher Erkenntnis (E_2), dem Streben nach Objektivität (E_3), der Annahme eines minimalen Empirismus (E_4) und dem Streben nach logischer Klarheit (E_5).[102] Das normative Korrektiv stellt somit Rationalitätsnormen und wissenschaftsinterne Werte der Wissenschaft bereit, die in einer Zweck-Mittel-Relation zum obersten Erkenntnisziel stehen. Wünschen wir wissenschaftliche Erkenntnis zu erreichen, sollten wir E_1 bis E_5 beachten. In einer präzisierten Form kann die Methode der rationalen Rekonstruktion so wiedergegeben werden:

> „Methode der Rationalen Rekonstruktion: Entwickle verallgemeinerte und logisch möglichst präzise Modelle von wissenschaftlicher Erkenntnis, die einerseits auf das deskriptive Korrektiv zutreffen, d. h. den Erfolg seiner Musterbeispiele und den Misserfolg seiner Mustergegenbeispiele

---

101 Siehe Abschnitte 2.1.3 und 2.1.4.

102 Schurz (2006), S. 23 f.

optimal erklären können, und anderseits sich unter Voraussetzung des normativen Korrektivs rechtfertigen lassen, und zwar als optimale Mittel, um unter Voraussetzung des minimalen erkenntnistheoretischen Modells das allgemeine wissenschaftliche Erkenntnisziel zu erreichen.“[103]

Die Wissenschaftstheorie erlangt durch die Anwendung dieser Methode praktische Relevanz und in der vorliegenden Untersuchung wird sich zeigen, dass die Bewertung des wissenschaftlichen Status einer mutmaßlich pseudowissenschaftlichen Theorie auf der Grundlage des normativen Korrektivs einerseits und der Ergebnisse der wissenschaftstheoretischen Rekonstruktion konkreter Musterbeispiele andererseits vorgenommen werden kann.

Die wissenschaftstheoretische Rekonstruktion, also die Entwicklung von Modellen der fundamentalen wissenschaftlichen Entitäten (Beobachtung, Experiment, Gesetz, Theorie, Erklärung, Bestätigung usw.), ist so lange erfolgreich, wie deskriptive Adäquatheit der rekonstruierten Modelle und ihre normative Rechtfertigbarkeit in einem widerspruchsfreien Verhältnis zueinander stehen. Wie Schurz anmerkt, ist zu erwarten, dass nicht alles, was faktisch in den Wissenschaften oder unter der Bezeichnung »Wissenschaft« (beispielsweise als Pseudowissenschaft) angetroffen werden kann, relativ zum normativen Korrektiv rational ist. Aus diesem Grund besteht das deskriptive Korrektiv auch aus den anerkannten Musterbeispielen und Mustergegenbeispielen für wissenschaftliche Erkenntnis. Erst unter der Bedingung, dass sich die Resultate der rationalen Rekonstruktion bewährt haben, können diese auf kontroverse Bereiche angewendet werden. Hierin zeigt sich im Einzelnen die praktische Relevanz der Wissenschaftstheorie, die Entscheidungshilfen für die Beantwortung von allgemeinen und speziellen Abgrenzungsfragen im Sinne von F oder konkret im Sinne von „Was ist der wissenschaftliche Status der Astrologie?“ vorschlägt.

Es ist ersichtlich, dass die Methode der rationalen Rekonstruktion, die der Absicht folgt, deskriptive Wissenschaftsanalyse und normative Wissenschaftsrechtfertigung zusammenzubringen, nicht immer erfolgreich sein muss. Gründe dafür können auf beiden Seiten dieser dynamischen Gleichung gefunden werden. Falls (1) vom Wissenschaftstheoretiker unrealistisch hohe normative Standards – d. h. wissenschaftsinterne Normen – vorgegeben werden, kann die Situation eintreten, dass das normative Korrektiv nicht mehr mit den Musterbeispielen und Mustergegenbeispielen des deskriptiven Korrektivs zusammengebracht werden kann. Konkret könnte dies heißen, dass Wissenschaft nicht als solche erkannt wird, weil die vom Wissenschaftstheoretiker formulierten wissenschaftsinternen Normen nicht erfüllt werden. Im Zusammenhang der Thematik der vorliegenden Untersuchung ist beispielsweise ein Wissenschaftstheoretiker denkbar, der einen so anspruchsvollen Ansatz zur Lösung des Demarkationsproblems vertritt, dass damit auch anerkannte Musterbeispiele für Wissenschaft als Pseudowissenschaft deklassiert

103 Zit. Schurz (2006), S. 24.

werden würden. In solchen Fällen muss, wie Schurz anmerkt, die Wissenschaftstheorie eine Selbstkorrektur vornehmen und ihr eigenes normatives Korrektiv hinterfragen und revidieren.

Es ist (2) auch denkbar, um ein weiteres Beispiel zu nennen, dass das normative Korrektiv zu schwach ausfällt, weil es zu niedrige Standards enthält. Die wissenschaftshistorisch motivierte Kritik von Laudan an den Demarkationskriterien von Ruse ist m. E. ein Beispiel dafür.[104] Beispielsweise boten manche naturwissenschaftliche Theorien lange Zeit keine Erklärung von Naturphänomenen mithilfe von Gesetzesaussagen. Senkt man aufgrund dieser wissenschaftshistorischen Tatsache die wissenschaftlichen Standards des normativen Korrektivs, geht ein weder notwendiges noch hinreichendes Kriterium für die Bewertung des wissenschaftlichen Status einer Pseudowissenschaft verloren. Dementsprechend wird es sicher möglich sein, eine Vielzahl der später als Bewertungskriterien instrumentalisierten wissenschaftsinternen Normen zu bezweifeln, aber es muss dann die Frage erlaubt sein, ob mit der überkritischen Betrachtung des normativen Korrektivs nicht die anerkannten Mustergegenbeispiele für wissenschaftliche Erkenntnis aus den Augen verloren werden.

2.1.3 Möglichst gehaltvolle Wahrheit als Zielvorgabe der empirischen Wissenschaften

Zuvor wurde bereits von dem obersten Erkenntnisziel der empirischen Wissenschaften gesprochen und diese axiologische Komponente des normativen Korrektivs bedarf einer Erklärung. Sie ist nämlich nicht nur die fundamentale wissenschaftsinterne Norm, welche die empirischen Wissenschaften zu erfüllen versuchen, sondern sie dient hier auch der Erklärung, was als (mehr oder minder) wissenschaftlich, unwissenschaftlich oder pseudowissenschaftlich bewertet werden kann.

Die oberste wissenschaftsinterne Norm formuliert Schurz so:

> Z: Das oberste Erkenntnisziel der Wissenschaft besteht in der Findung von möglichst wahren und gehaltvollen Aussagen, Gesetzen oder Theorien über einen bestimmten Gegenstandsbereich.[105]

Mit der Forderung, dass die von den empirischen Wissenschaften gesuchten Aussagen, Gesetze oder Theorien über einen bestimmten Gegenstandsbereich möglichst wahr und gleichzeitig gehaltvoll sein sollen, wird ein wichtiger Sachverhalt erfasst, der oftmals von Pseudowissenschaftlern ignoriert wird. Wahrheit und Gehalt stehen in einem wechselseitigen Verhältnis zueinander, das einerseits die Maximierung der Wahrheitschancen einer Aussage auf Kosten des Gehalts und andererseits die Maximierung des Gehalts auf Kosten der Wahrheit zulässt.

104 Vgl. Laudan (1983a) und (1983b).

105 Zit. Schurz (2006), S. 23.

So kann die Wahrheit einer Aussage durch ihre tautologische Struktur garantiert sein, weswegen sie jedoch keinen Gehalt besitzt, beziehungsweise eine durchaus gehaltvolle Aussage wie beispielsweise „Der Mond ist aus grünem Käse." generiert werden, wenn der Anspruch auf Wahrheit fallen gelassen wird.[106]

Beispiele für solche Verfehlungen, die auf der wissentlichen oder unwissentlichen Missachtung von Z basieren, sind vielfältig vorhanden. So wechseln sich in den Texten von Astrologen wahre, aber gehaltlose Aussagen, und gehaltvolle, aber falsche Aussagen astrologischer Natur, mit gehaltvollen und wahrheitsnahen Aussagen, Gesetzen und Theorien der Naturwissenschaften ab, die nicht für für Wahrheitsnähe der Astrologie sprechen.[107] Ebenso stehen in den Verschwörungstheorien um die vermeintlichen Drahtzieher der Terroranschläge am 11. September 2001 in New York und Washington DC, die der Regierung des damaligen Präsidenten George W. Bush angehören sollen, korrekte und gehaltvolle Aussagen um technische Sachverhalte neben haltlosen Anschuldigen.

Z ermöglicht es uns an dieser Stelle, Wissenschaft und verschiedene Nichtwissenschaften auf eine intuitiv plausible Weise voneinander zu unterscheiden. Insofern es nicht der Anspruch von Nichtwissenschaften wie Kunst, Politik oder Sport ist, möglichst wahre und gehaltvolle Aussagen, Gesetze oder Theorien im wissenschaftlichen Sinne über einen bestimmten Gegenstandsbereich zu finden, können wir eine erste Grundlinie in dem bekannten Schema ziehen:

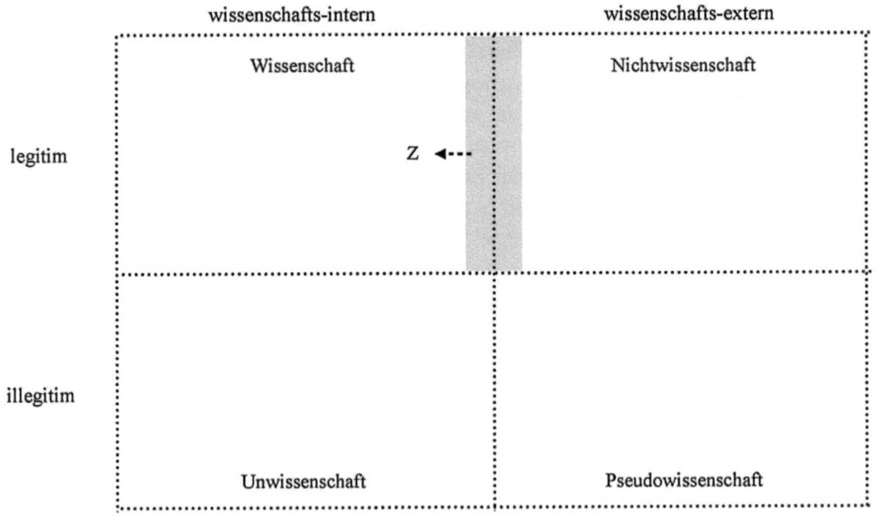

Abb. 2.1.1. A Z als Demarkationskriterium von Wissenschaft und Nichtwissenschaft.

106 Schurz (2006), S. 23.
107 Vgl. Niehenke (1991).

Die Grundlinie Z ist deswegen so großzügig eingetragen, weil durchaus Grenzfälle zwischen Wissenschaft und Nichtwissenschaft denkbar sind und es nicht ausgeschlossen werden soll, dass andere Arten der Weltbetrachtung – also neben Wissenschaft – teilweise wissenschaftliche Charakteristika aufweisen können. Dennoch können solche Bereiche insgesamt als nichtwissenschaftlich in einem legitimen Sinne aufgefasst werden, solange deren Vertreter über den tatsächlichen Status ihrer Theorien nicht hinwegtäuschen. Ein Beispiel dafür, das Schurz im Zusammenhang der Diskussion der – in meiner Terminologie – intern-deskriptiven Abgrenzungsfrage nach der Klassifikation wissenschaftlicher Disziplinen untersucht, ist die Theologie:

> „Die Theologie kann nur dann zu den Realwissenschaften (bzw. Substanzdisziplinen) gerechnet werden, wenn man die Realität Gottes annimmt; da diese Realität wissenschaftlich unbegründbar ist, ist diese Zurechnung fragwürdig.“[108]

So kann sich die Theologie und insbesondere die theologische Dogmatik zwar in einem später noch zu klärendem Sinne wissenschaftlicher Mittel bedienen, aber insgesamt muss ihr – als Disziplin – der Status einer Wissenschaft im Sinne von Z, den erkenntnistheoretischen Annahmen E_1 bis E_5 sowie bestimmter methodologischer Erwägungen abgesprochen werden. Damit kann sie selbstverständlich ein im Zuge der Religionsfreiheit legitimer wissenschaftsexterner Bereich menschlicher Tätigkeit sein.[109]

Z gibt für sich genommen keine Antwort auf F, sondern stellt nur die oberste wissenschaftsinterne Norm dar, an der Pseudowissenschaften extern scheitern. Dass Pseudowissenschaftler und unwissenschaftlich arbeitende Wissenschaftler mit der wissenschaftsinternen Norm Z konfrontiert werden können, liegt an ihrer Selbstdarstellung als Wissenschaftler bzw. daran, dass sie ihre Theorien mit einem wissenschaftlichen Anspruch vertreten. Z liefert also einen guten Grund, warum wir beispielsweise den modernen Kreationismus nicht als eine harmlose Nichtwissenschaft, eben bloße Religion auffassen sollten. Vertreten moderne Kreationisten die Auffassung, dass ihre Lehren eine Alternative zu etablierten naturwissenschaftlichen Theorien darstellen, dann ist damit ein Erkenntnisanspruch verbunden, der wissenschaftlichen Anforderungen zu genügen hat. Wegen dieser Selbstzuschreibung von modernen Kreationisten stellt sich nicht mehr die Frage, ob beispielsweise Intelligent Design eine Religion sei oder angemessener

---

108 Zit. Schurz (2006), S. 33.

109 Wohlgemerkt besteht neben der Legitimität dieses Bereichs menschlicher Tätigkeit auch die Legitimität der politischen Einflussnahme, die religiösen Institutionen als Relikt eines nicht aufgeklärten Denkens aus der Gesellschaft zu verdrängen und zwar unter Berücksichtigung der Kompensation ihrer sozialen Funktion und der Verhältnismäßigkeit der rhetorischen und praktischen Mittel.

als versteckte Religion zu betrachten sei. Das Thema Religion kann an dieser Stelle sogar ausgeblendet werden. Dank Z rückt nämlich der Gedanke in den Vordergrund, dass es in der praktischen Anwendung von D einzig um die Frage geht, ob und inwiefern Z von den Vertretern des Intelligent Design verfolgt und erreicht wird.[110]

2.1.4 Gemeinsame erkenntnistheoretische Annahmen der empirischen Wissenschaften

Z erhält erst durch die deskriptiven Behauptungen des minimalen erkenntnistheoretischen Modells, die Schurz als die gemeinsamen erkenntnistheoretischen Annahmen der empirischen Wissenschaften auflistet, eine konkrete Bedeutung. E_1 bis E_5 werden später die Ableitung von wissenschaftsinternen Normen ermöglichen, die als Bewertungskriterien zur Bestimmung des wissenschaftlichen Status einer mutmaßlichen Pseudowissenschaft verwendet werden.[111]

Die fünf Annahmen des erkenntnistheoretischen Modells können so formuliert werden:

> E_1: Es gibt eine subjektunabhängige Wirklichkeit und die einzelnen Wissenschaften zielen darauf ab, möglichst wahre und gehaltvolle Aussagen über abgegrenzte Bereiche dieser Wirklichkeit zu formulieren (minimaler Realismus).[112]
>
> E_2: Jede wissenschaftliche Behauptung ist mehr oder minder fehlbar und keine wissenschaftliche Aussage darf endgültig von einer rationalen Kritik ausgenommen werden (Fallibilismus und kritische Einstellung).[113]
>
> E_3: Die Wahrheit oder Falschheit einer wissenschaftlichen Behauptung besteht unabhängig von den Einstellungen und Wertungen des Erkenntnissubjekts. Falls sich die Wahrheit oder Falschheit einer wissenschaftlichen Aussage begründen lässt, muss sich jede kognitiv hinreichend kompetente Person von der Wahrheit oder Falschheit dieser Aussage nach hinreichender Kenntnisnahme der Datenlage zumindest im Prinzip überzeugen lassen (Objektivität und Intersubjektivität).[114]
>
> E_4: Der Gegenstandsbereich einer (empirischen) Wissenschaft muss im Prinzip der Erfahrung zugänglich sein. Wissenschaftliche Theorien dürfen und sollen auch über das Aussagen machen, was der Beobachtung nicht unmittelbar zugänglich ist, falls sie gleichzeitig über empirische Konsequenzen verfügen, an denen sie sich überprüfen lassen (Minimaler Empirismus).[115]

---

110 Siehe Abschnitt 3.2.2.
111 Vgl. Schurz (2006), S. 24, S. 26 – 29.
112 Schurz (2006), S. 26.
113 Ebenda
114 Schurz (2006), S. 27.
115 Ebenda.

E_5: Zur Einführung von Begriffen, Formulierung von Sätzen sowie zur Bildung von Argumenten sollten präzise und der Sache angemessene logische Methoden verwendet werden (Logik im weiten Sinn).[116]

E_1 bis E_5 begründen die normative Praxis von D, da sie abgeleitete wissenschaftsinterne Normen für den Bewertungsvorgang bereitstellen, die als Bewertungskriterien dienen. Sie sollten deswegen detailliert kommentiert werden.

Schurz geht von einem minimalen Realismus (E_1) aus, nach dem die Wirklichkeit unabhängig vom Erkenntnissubjekt existiert. Dieser Realismus ist deswegen minimal, weil lediglich die subjektunabhängige Existenz der Wirklichkeit vorausgesetzt wird. Hinsichtlich der Möglichkeit grundsätzlicher Erkenntnisgrenzen wird die Auffassung vertreten, dass diese nicht apriori, sondern aposteriori zu bestimmen sind, nämlich anhand des Erkenntniserfolges der empirischen Wissenschaften. Dieser minimale Realismus kann weiter als ein hypothetisch-konstruktiver Realismus typisiert werden, der naturalistische Züge trägt. Die erkenntnistheoretische Annahme der Erkennbarkeit bestimmter Bereiche der Wirklichkeit und ferner die Annahme der subjektunabhängigen Existenz der Wirklichkeit müssen sich nämlich nach Schurz über den Erfolg der Erfahrungserkenntnis bewähren können. In diesem Sinne schließen wir abduktiv und subjektintern auf die subjektunabhängig existierende Wirklichkeit. E_1 nimmt insofern Z auf, als dass als Ziel der Wissenschaften – also der einzelnen wissenschaftlichen Disziplinen – die Findung von möglichst wahren und gehaltvollen Aussagen (sowie Gesetzen und Theorien) über abgegrenzte Bereiche der angenommenen Wirklichkeit bestimmt wird. E_1 involviert den epistemologischen Begriff der Wahrheit und dieser wird im Sinne der strukturellen Korrespondenztheorie der Wahrheit definiert. Danach besteht die Wahrheit eines Satzes in der strukturellen Übereinstimmung des Satzes mit dem von ihm beschriebenen Bereich der Wirklichkeit.[117]

Nach E_2 wird die Annahme vertreten, dass jede wissenschaftliche Behauptung mehr oder minder fehlbar ist und damit auch keine Aussage endgültig von einer rationalen Kritik ausgenommen werden darf. Aus der Fehlbarkeit jeder wissenschaftlichen Behauptung folgt auch die Abwesenheit einer absolut sicheren Erkenntnisquelle, die uns mit Wahrheit im Sinne der strukturellen Korrespondenztheorie versorgt. Zumal wir auch, wie die Annahmen E_1, E_3 und E_4 voraussetzen, in erkenntnistheoretischer Hinsicht Mängelwesen sind, die sich in Anbetracht ihrer erkenntnismäßigen Fehlbarkeit um verlässliche Informationen über die subjektunabhängige Wirklichkeit bemühen müssen. Gleichzeitig ist damit nicht gesagt, das wir nicht durch die empirische Überprüfung im Sinne

116 Schurz (2006), S. 27 f.

117 Schurz (2006), S. 26, S. 28.

von E_4 die Wahrscheinlichkeit der Wahrheit einer wissenschaftlichen Behauptung zumindest prinzipiell feststellen können.[118]

Da gemäß E_1 die Wirklichkeit unabhängig vom Erkenntnissubjekt existiert, sind die Wahrheit oder die Falschheit einer wissenschaftlichen Behauptung ebenfalls unabhängig vom Erkenntnissubjekt (E_3). Als fehlbare Lebewesen können wir nur indirekt, d. h. vermittels Kriterien feststellen, ob unsere hypothetischen Behauptungen über die von uns unabhängige Welt zutreffen. Ein Kriterium der Objektivität einer wissenschaftlichen Behauptung, welches indirekt auch ein Wahrheitskriterium ist, ist Intersubjektivität. Dementsprechend fordert E_3, dass sich (i) jede kognitiv hinreichende Person bei (ii) hinreichender Kenntnis der Datenlage zumindest im Prinzip von der Wahrheit oder Falschheit einer wissenschaftlichen Aussage überzeugen lassen sollte. Weil die kognitive Kompetenz einer Person ein unsicheres und zudem graduelles Kriterium ist, dient Intersubjektivität weder als Definition von Objektivität noch als Definition von Wahrheit.[119]

Nach E_4 muss der Gegenstandsbereich der empirischen Wissenschaften im Prinzip der Erfahrung und damit der Beobachtung im weiten Sinne zugänglich sein. Als erkenntnismäßig fehlbare Lebewesen können wir nur sinnvoll über die von uns unabhängige Wirklichkeit sprechen, wenn wir in einem informationellen Kontakt mit dieser Wirklichkeit treten. Somit sind empirische Beobachtungen für die wissenschaftliche Wahrheitssuche im Sinne von Z unerlässlich und wir müssen wissenschaftliche Aussagen, Gesetze und Theorien, von denen wir hoffen, dass sie möglichst wahr und gehaltvoll sind, anhand der gesammelten Beobachtungsdaten überprüfen. Nach Schurz ist dieser Empirismus, der die Fehlbarkeit des Menschen gemäß E_2 berücksichtigt, deswegen minimal, weil er nicht die Möglichkeit der Reduktion aller wissenschaftlichen Begriffe (insbesondere theoretischer Begriffe) beziehungsweise Sätze durch Ketten von Definitionen auf Beobachtungen behauptet.[120] Er ist auch nicht restriktiv hinsichtlich der Beschreibung dessen, was sich der unmittelbaren Beobachtung durch den Menschen entzieht und nur durch technische Hilfsmittel beobachtbar oder prinzipiell unbeobachtbar ist. E_4 erlaubt es deswegen, dass wissenschaftliche Theorien auch über diejenigen Aspekte der Wirklichkeit Aussagen treffen, die mutmaßlich über die Erfahrung hinausgehen, und zwar solange sie empirische Konsequenzen besitzen, anhand derer sie überprüft werden können.[121]

---

118 Schurz (2006), S. 28.

119 Schurz (2006), S. 28.

120 Schurz (2006), S. 27.

121 Dieser Gesichtspunkt des minimalen Erkenntnistheoretischen Modells wird bei der Bewertung des wissenschaftlichen Status der Designhypothese relevant sein. Siehe Abschnitte 3.2.2 und darin K_{nV}.

E_5 fordert zuletzt die Anwendung von präzisen und dem Forschungsgegenstand angemessenen Methoden der Logik und Mathematik, die der Einführung von Begriffen, der Formulierung von Sätzen und der Bildung von gültigen Argumenten dienen. Zudem dienen logischen Methoden, womit keine Einschränkung auf die deduktive Logik vorgenommen wird, der effektiven Verfolgung von Z im Sinne von E_1 bis E_4. Denn nur unter der Bedingung, dass beispielsweise die Bedeutung der Begriffe in wissenschaftlichen Aussagen hinreichend expliziert ist, können die logischen Konsequenzen und damit der Gehalt dieser Aussagen bestimmt werden.[122]

Mit der Annahme von E_4 und E_5 macht das minimale erkenntnistheoretische Modell nur zwei Annahmen hinsichtlich des Ausgangspunkts der Erkenntnis: Einerseits die prinzipiell fehlbare Beobachtungsgabe des Menschen, die jedoch normalerweise verlässlich ist und den intersubjektiven Zugang zur Wirklichkeit ermöglicht, und andererseits die Logik im weiten Sinn, die als ein universelles Denkwerkzeug zwar gehaltlos, jedoch sicher ist.

Die Annahmen E_1 bis E_5 verleihen dem obersten Erkenntnisziel Z eine konkrete Bedeutung, insofern sie spezifizieren, was einerseits unter den möglichst wahren und gehaltvollen Aussagen, Gesetzen und Theorien – also wissenschaftlicher Erkenntnis – zu verstehen ist, und andererseits erklären sie, inwiefern diese Erkenntnis prinzipiell erreicht werden kann. D basiert auf den Annahmen E_1 bis E_5. Bevor es um die sechs Teilfragen von F geht, die als Orientierungs- und Bezugspunkte der Formulierung von D dienen, müssen noch vier methodologische Merkmale angesprochen werden, die sich aus jenen Annahmen ergeben.

2.1.5 Gemeinsame methodologische Merkmale der empirischen Wissenschaften

Aus den bisherigen Annahmen (Z, E_1 bis E_5) folgen mit gewisser Plausibilität vier methodologische Merkmale der empirischen Wissenschaften.[123] Sie sind an dieser Stelle in der Formulierung von Schurz wiedergegeben:

> M_1: Wissenschaft sucht nach möglichst allgemeinen und gehaltvollen hypothetischen Sätzen, die in einer wissenschaftlichen Sprache abgefasst sind. Dabei handelt es sich in allen Disziplinen um Gesetze und Theorien, und in einigen Disziplinen (z.B. den historischen Wissenschaften) auch um hypothetische Singulärsätze.[124]

---

122 Schurz (2006), S. 27 f.

123 Schurz (2006), S. 29.

124 Zit. Schurz (2006), S. 29.

M_2: Wissenschaft sucht nach möglichst vielen (und möglichst relevanten) aktualen Beobachtungssätzen, welche die Resultate von Beobachtungen, Experimenten oder Messungen wiedergeben.[125]

M_3: Wissenschaft versucht, mithilfe der allgemeinen und hypothetischen Sätze die zum gegenwärtigen Zeitpunkt bekannten aktualen Beobachtungssätze zu erklären, sowie neue und noch unbekannte potentielle Beobachtungssätze vorauszusagen.[126]

M_4: Wissenschaft versucht, ihre allgemeinen und hypothetischen Sätze empirisch zu überprüfen, und zwar indem die vorausgesagten (potentiellen) Beobachtungssätze mit den gegenwärtig bekannten aktualen Beobachtungssätzen verglichen werden. Stimmen die letzteren mit den ersten überein, so war die Voraussage erfolgreich (sie wird dann zu einer erfolgreichen Erklärung) und das Gesetz bzw. die Theorie ist bestätigt bzw. bewährt. Stehen die letzteren mit den ersteren in logischem Widerspruch, so war die Voraussage gescheitert und das Gesetz bzw. die Theorie ist falsifiziert oder im Fall einer bloß statistischen Voraussage zumindest geschwächt.[127]

M_1 bis M_4 ergeben sich aus den erkenntnistheoretischen Annahmen E_1 bis E_5 und dem obersten Erkenntnisziel Z, sie können als methodologische Merkmale verstanden werden, die allen empirischen Wissenschaften gemeinsam sind. M_1 ergibt sich aus dem obersten Erkenntnisziel Z und der Annahme des minimalen Realismus (E_1), der erklärt, was unter den möglichst wahren und gehaltvollen Aussagen, Gesetzen oder Theorien zu verstehen ist, die Wissenschaftler suchen. Als methodologisches Merkmal sagt M_1 aus, dass sich Wissenschaftler de facto um wissenschaftliche Erkenntnis in dem angegebenen Sinne bemühen, insofern Gesetze und Theorien als Musterbeispiele für allgemeine und gehaltvolle Sätze aufgefasst werden können.[128] M_2 folgt aus der Annahme E_4, die besagt, dass der Gegenstandsbereich empirischer Wissenschaft prinzipiell der Erfahrung zugänglich sein muss. Deswegen ist die Suche nach möglichst vielen und möglichst relevanten aktualen Beobachtungssätzen, welche die Resultate von Beobachtungen, Experimenten oder Messungen wiedergeben, ein notwendiges Mittel zur Formulierung und zur Überprüfung von wissenschaftlicher Erkenntnis im Sinne von Z. M_2 wird durch E_2 und E_3 verschärft, insofern die aktualen Beobachtungssätze – damit sind die erhobenen empirischen Daten gemeint – mehr oder minder fehlbar sind (E_2) und dementsprechend der Prüfung der Wahrscheinlichkeit ihrer Wahrheit oder Falschheit bedürfen. Insofern die möglichst allgemeinen und gehaltvollen hypothetischen Sätze anhand der erhobenen empirischen Daten überprüft werden sollen, was aus E_4 folgt, muss der Versuch unternommen werden (M_3), mit jenen die aktualen Beobachtungssätze in den empirischen Daten zu erklären, sowie neue und noch unbekannte potentielle Beobachtungssätze vorauszusagen. Zuletzt werden die im Zusammenhang von M_1 gesuchten möglichst allgemeinen und gehaltvollen hypothetischen Sätze anhand

125 Zit. Schurz (2006), S. 29.

126 Ebenda.

127 Zit. Schurz (2006), S. 30.

128 Schurz (2006), S. 29 f.

des Vergleichs der vorausgesagten (potentiellen) Beobachtungssätze mit den erhobenen (aktualen) Beobachtungssätzen überprüft. Dafür sind, wie bereits angesprochen, die Annahmen E_4 und E_5 relevant.

Die vier gemeinsamen methodologischen Merkmale der empirischen Wissenschaften, die hier in aller Kürze nach Schurz wiedergegeben wurden, sind deswegen von besonderer Relevanz, weil in den meisten Varianten von Pseudowissenschaften M_1 bis M_4 in der ein oder anderen Weise nicht beachtet werden.

2.1.6 Grundlinien der empirischen Wissenschaft

Die philosophischen Voraussetzungen von D (Z, E_1 bis E_5, M_1 bis M_4) und die Wertneutralitätsforderung W ziehen Grundlinien um den Bereich menschlicher Tätigkeit, der als empirische Wissenschaft gilt. Tragen wir sie deshalb in das bereits bekannte Schema ein:

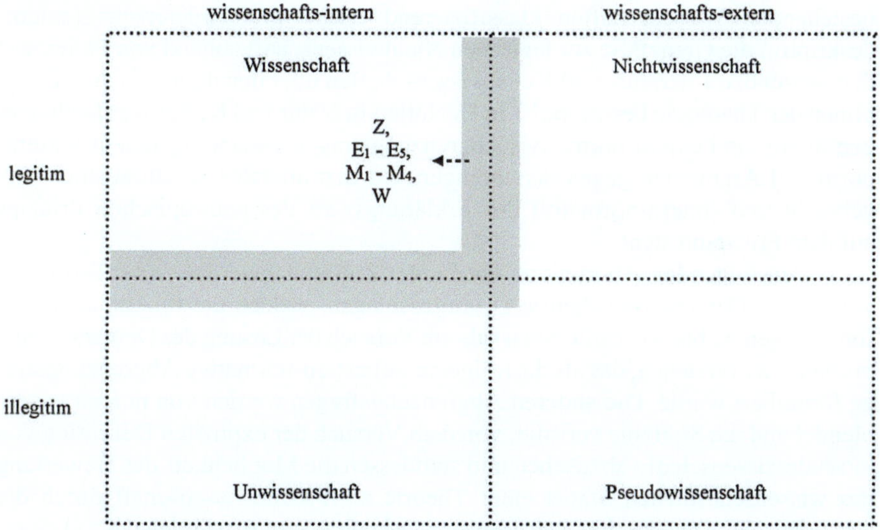

Abb. 2.1.4. A. Die Abgrenzungsfunktion von Z, E_1 bis E_5, M_1 bis M_4 und W.

Auf diese Abgrenzungsfunktion macht auch Schurz aufmerksam:

> „Wissenschaft im hier verwendeten Sinn sind alle im weiteren Sinne empirischen Disziplinen (gemäß [Z], E_1 bis E_5, M_1 bis M_4 und W) inklusive ihrer formalen Hilfswissenschaften und Zweck-Mittel-basierten Anwendungsdisziplinen."[129]

129 Zit. Schurz (2006), S. 44.

Die Grundlinien der Abgrenzung empirischer Wissenschaft lassen Graubereiche zu. So kann diskutiert werden, ob beispielsweise religiöser Glaube, der mit einem Wahrheitsanspruch verbunden ist und sich um eine rationale Rechtfertigung von Glaubensüberzeugungen bemüht, im Graubereich zwischen Wissenschaft und Nichtwissenschaft lokalisiert ist. Ebenso ist im Fall des wissenschaftlichen Fehlverhaltens daran zu denken, dass ein gradueller Übergang von Wissenschaft in Unwissenschaft bzw. von guter Wissenschaft in schlechte Wissenschaft möglich ist.

In der Terminologie von D werden vier prototypische Begriffe unterschieden, nämlich der Wissenschaftsbegriff und seine drei Antonyme. Auf dieser Grundlage konnten wir deswegen zumindest vier Typen von Abgrenzungsfragen unterscheiden, nämlich intern-deskriptive, intern-normative, extern-normative und extern-deskriptive Abgrenzungsfragen. Schurz untersucht, um diesen Punkt anhand eines Beispiels auszuführen, in seiner *Einführung in die Wissenschaftstheorie* intern- und extern-deskriptive Abgrenzungsfragen, wenn er einerseits (intern-deskriptiv) die bestehenden Wissenschaften klassifizierend erfasst und andererseits (extern-deskriptiv) die Grenzfälle zur legitimen Nichtwissenschaft anhand von Fällen wie den wertenden Literatur- und Kunstwissenschaften oder den dogmatischen Disziplinen der Theologie bestimmt.[130] In Evolution in Natur und Kultur werden hingegen intern- und extern-normative Abgrenzungsfragen behandelt, indem (extern-normativ) Argumente gegen den strengen und den liberalen Kreationismus vorgebracht und (intern-normativ) der Erklärungswert des anthropischen Prinzips auf dem Prüfstand steht.[131]

In den folgenden Abschnitten wird unter Zuhilfenahme der sechs Teilfragen von F eine Demarkationstheorie D vorgeschlagen, welche die funktionalen Anforderungen A_1 bis A_3 erfüllt. Sie ist als ein Versuch der Lösung des Demarkationsproblems zu verstehen, das als die (allgemeine) extern-normative Abgrenzungsfrage formuliert wurde. Die anderen Abgrenzungsfragen werden von nun an ausgeblendet und die Strategie verfolgt, von dem Versuch der expliziten Definition von »Pseudowissenschaft« abzusehen und stattdessen die Möglichkeit der Bewertung des wissenschaftlichen Status einer Theorie als Pseudowissenschaft durch die systematische Anwendung einer Bewertungsheuristik zu gewährleisten.

---

130 Vgl. Schurz (2006), S. 43 f. und S. 32-38.

131 Vgl. Schurz (2011a), S. 71-89, S. 89-105, S. 107-128.

2.2 Bewertungsnutzen und Bewertungszusammenhang

Wenden wir uns den sechs Teilfragen zu, sollte zunächst der Nutzen und der Zusammenhang der Bewertung des wissenschaftlichen Status einer mutmaßlichen Pseudowissenschaft näher bestimmt werden. Über beide Teilfragen herrscht Uneinigkeit. Hinsichtlich des Nutzens streiten Skeptiker des Konzepts der Pseudowissenschaft mit dessen Vertretern, während hinsichtlich des Zusammenhangs der Bewertung (Entstehung-, Begründungs- oder Verwertungszusammenhang) ein Konflikt zwischen Deskriptivisten und Normativisten besteht.

Da die Frage nach dem Bewertungszusammenhang offenbar von einer positiven Antwort auf die Frage nach den Bewertungsnutzen abhängt, sollten zunächst die Kritiker zu Wort kommen, die den Nutzen des Begriffs der Pseudowissenschaft bezweifeln. Autoren wie Laudan, Hagner, Thiel oder Walther bemängeln im Wesentlichen zwei Dinge.[132]

I. Sie kritisieren die Verwendung des Begriffs der Pseudowissenschaft als pejorativen Demarkations- und Stigmatisierungsbegriff in wissenschaftsinternen- und externen Diskursen.
II. Sie kritisieren die Adäquatheit von Definitionen von Pseudowissenschaft, wobei gezeigt wird, dass die einzelnen Kriterien entweder zu stark oder zu schwach sind.

Gehen wir zunächst auf die Kritik ein, die von der Verwendung des Begriffs der Pseudowissenschaft als pejorativen Demarkations- und Stigmatisierungsbegriff ausgeht. Zunächst ist dazu zu bemerken, dass die Bewertung normativer Defizite, seien sie nun ästhetischer, ethischer oder als Nichterfüllung von wissenschaftsinternen Normen eher epistemischer Art, so lange legitim ist, wie ihre Wertbasis hinreichend offengelegt wird. In D ist dies der Fall, weil die (werthafte) wissenschaftsinterne Norm Z und die minimalen erkenntnistheoretischen Annahmen E_1 bis E_5, die minimalen methodologischen Merkmale M_1 bis M_4 und die Präzisierung der Wertneutralitätsforderung W explizit genannt wurden. Im Gegensatz zu einer reinen Gefühlsäußerung, die tatsächlich zu kritisieren wäre, läuft D auf eine rational nachvollziehbare Bewertung hinaus.

Das in wissenschaftsinternen und besonders in wissenschaftsexternen Diskursen der Begriff der Pseudowissenschaft als reiner Ausdruck für die Gefühlsäußerung des Kritikers dient – und damit selbst auf eine unwissenschaftliche Weise verwendet wird – ist außerdem nicht der Regelfall.[133] Zumeist wird er im Sinne der Bezeichnung für etwas verwendet, was nicht- oder unwissenschaftlich

132 Laudan (1982); Laudan (1983a), S. 313.; Hagner (2008), S. 25; Thiel / Walther (2008), S. 309.
133 Thiel / Walther (2008), S. 309.

ist, und als wissenschaftlich dargestellt wird. Er hat damit als theoretischer Demarkationsbegriff einen rationalen Kern, der bereits intuitiv erfasst werden kann, und ist nicht auf die soziale Praxis der Ausgrenzung unliebsamer Wissenschaftler, die nicht dem eigenen Paradigma angehören, reduzierbar.

Die Deutung des Begriffs der Pseudowissenschaft als Stigmatisierungsbegriff verweist auf ein soziales Phänomen, das in vielen Fällen tatsächlich zu kritisieren ist, beispielsweise wenn es um die Stigmatisierung von Minderheiten und deren Diskriminierung geht. Es stellt sich aber die Frage, ob es sich bei der Bewertung der angeblichen Forschung eines Pseudowissenschaftlers als pseudowissenschaftlich um eine Stigmatisierung der Person in einem negativen Sinne handelt. Im Begriff der Pseudowissenschaft ist der Gedanke angelegt, dass eine Person willentlich oder unwillentlich täuscht beziehungsweise der wissenschaftliche Status einer Theorie durch ein systematisches Defizit ihrerseits verschleiert wird. Er steht damit Begriffen, wie »Quacksalber,« »Scharlatan« oder »Kurpfuscher« nahe, und Personen, die durch diese Begriffe bezeichnet werden, werden aufgrund eines nachvollziehbaren Grundes als schlechte Kooperationspartner qualifiziert.

Hinzu kommt, dass manche Wissenschaftsphilosophen darauf hinweisen, dass sich Pseudowissenschaftler bisweilen in die Opferrolle des Stigmatisierten begeben, der angeblich durch die etablierten Wissenschaftler diskriminiert wird.[134] Genauso wie der Begriff der Pseudowissenschaft unwissenschaftlich verwendet werden kann, kann somit auch der Begriff der Stigmatisierung unwissenschaftlich verwendet werden, wenn die begründete Bewertung einer Theorie oder des Verhaltens einer Person fälschlicherweise als ein aggressiver Akt der sozialen Ausgrenzung aufgefasst wird.

Interessant ist, dass selbst Kritiker des Begriffs der Pseudowissenschaft wie Hagner, der aus der Sicht eines Wissenschaftshistorikers schreibt, auf den Nutzen von Kriterien verweisen, die nicht in Form einer expliziten Definition von Pseudowissenschaft den Gehalt dieses zugegebenermaßen schwierigen Begriffs zu bestimmen suchen, sondern der Unterscheidung von wissenschaftsadäquaten von inadäquaten Praktiken und Doktrinen dienen.[135] So scheint der Großteil der wissenschaftshistorischen Kritik am Begriff der Pseudowissenschaft auf dessen unwissenschaftliche Verwendung und nicht auf den kognitiven Gehalt der von ihm angestrebten Unterscheidung gerichtet zu sein. Wir sollten deshalb eher nach dem Nutzen derjenigen Theorie fragen, die uns zu dem Urteil greifen lässt, dass etwas eine Pseudowissenschaft ist, und nicht nach dem Nutzen des Begriffs der Pseudowissenschaft in wissenschaftsexternen oder -internen Diskursen. Schauen wir uns dazu den zweiten Kritikpunkt an.

---

134 Vgl. Gruenberger (1962); MacRobert (1982); Ruse (1982); Grove (1985); Clark / Stalker (1990).

135 Hagner (2008), S. 26

Die Kritik an der Adäquatheit von expliziten Definitionen des Begriffs der Pseudowissenschaft wird üblicherweise mit historischen und (seltener) gegenwärtigen Theorien untermauert, die als Musterbeispiele für Wissenschaft herangezogen, und nach einer vorgeschlagenen Definition als pseudowissenschaftlich typisiert werden müssten. Falls es sich bei der vorgeschlagenen Definition um eine explizite Definition handelt, bei der eine Konjunktion von notwendige Bedingungen eine insgesamt hinreichende (komplexe) Bedingung vorgibt, ist diese Kritik oftmals zielführend. Falls nämlich eine vorgeschlagene Definition von Pseudowissenschaft, welche aus den Annahmen des normativen Korrektivs folgt, mit dem deskriptiven Korrektiv nicht mehr überein kommt, weil sie Musterbeispiele für Wissenschaft als Pseudowissenschaft erfasst, sollte das normativen Korrektivs revidiert werden.

In D wird der Versuch unternommen, dem deskriptiven Korrektiv besser zu entsprechen, weswegen die Bewertung des wissenschaftlichen Status als die graduelle Diagnose des systematischen Defizits einer Pseudowissenschaft bestimmt wird. Vermittels der Berücksichtigung einer Vielzahl von weder notwendigen noch hinreichenden Bewertungskriterien soll erfasst werden, inwiefern eine Pseudowissenschaft systematisch durch ein Bündel von Verstößen gegen wissenschaftsinterne Normen an der Erfüllung der obersten wissenschaftsinternen Norm Z scheitert. Die Bewertung des wissenschaftlichen Status einer Pseudowissenschaft ähnelt also der Untersuchung einer Person, die ein multimorbides Krankheitsbild aufweist. Sie ist nicht die Diagnose einer bestimmten Krankheit.[136]

Insofern Pseudowissenschaften nicht hinreichende oder relativ zum Kenntnisstand der empirischen Wissenschaften nicht optimale Mittel zur Realisierung von Z verwenden, können wir dabei der Kritik aus dem Weg gehen, dass manche Pseudowissenschaftler auf den ehemals wissenschaftlichen Status ihrer Theorie hinweisen oder sich selbst als Anhänger einer Protowissenschaft stilisieren.

Mit dieser Bestimmung des Nutzens der Bewertung ihres wissenschaftlichen Status haben wir einen wesentlichen Aspekt von Pseudowissenschaft noch nicht erfasst. Pseudowissenschaften drücken – dies zeigt bereits die Verwendung des Präfix »pseudo-« – eine Art der Täuschung aus. Pseudowissenschaften wirken wie Wissenschaften und sie bedürfen der Demaskierung. Ein zweiter Nutzen des Bewertungsvorgangs muss es folglich sein, die täuschende Wirkung einer bestimmten Pseudowissenschaft verständlich zu machen.

Der Nutzen der Bewertung des wissenschaftlichen Status besteht dementsprechend einerseits in der Feststellung, inwiefern eine bestimmte Pseudowis-

---

136 Später wird der Nutzen der Bewertung präzisiert werden, wenn der Holismus der wissenschaftsinternen Normen und die Verwendung einer Vielzahl von heterogenen Bewertungskriterien begründet wurde. Siehe Abschnitt 2.4.3.

senschaft systematisch an ihrem vorgeblichen Anliegen scheitert, möglichst wahre und gehaltvolle Aussagen, Gesetze oder Theorien über einen bestimmten Gegenstandsbereich zu finden. Andererseits muss aus dem Bewertungsvorgang hervorgehen, worin die täuschende Wirkung einer bestimmten Pseudowissenschaft besteht.[137] Dies kann, wie sich später zeigen wird, sowohl auf bestimmte Eigenschaften der pseudowissenschaftlichen Theorie beruhen, als auch auf dem individuellen oder kollektiven Verhalten der Pseudowissenschaftler.[138]

Welcher Zusammenhang im Forschungsprozess sollte nun bei der Bewertung des wissenschaftlichen Status einer mutmaßlichen Pseudowissenschaft untersucht werden? Sollte sich die Kritik auf den Entstehungs-, Begründungs- oder den Verwertungszusammenhang beziehen? Die dominierende Auffassung in der Wissenschaftstheorie lautet, dass bei der Bewertung des wissenschaftlichen Status einer Theorie lediglich der Begründungszusammenhang berücksichtigt werden sollte. Damit wird die stillschweigende Voraussetzung gemacht, dass die Frage nach dem wissenschaftlichen Status einer Theorie mit der Frage nach deren Bestätigungsgrad gleichzusetzen sei. So ist auch eine der häufigsten Erwiderungen gegen multikriterielle Ansätze, die auch historische oder soziale Kriterien beinhalten, die nicht unmittelbar auf den epistemischen Status der Theorie bezogen sind, dass sie sich der Verwechslung von Entstehungs- und Begründungszusammenhang schuldig machen würden.

Diese Einschränkung der Perspektive auf den Begründungszusammenhang ist für die Bewertung des wissenschaftlichen Status einer mutmaßlichen Pseudowissenschaft nur bedingt zielführend, denn sie abstrahiert von verschiedenen substanziellen Charakteristika pseudowissenschaftlicher Theorien.

Für eine weite Perspektive, die in erster Linie den Begründungszusammenhang und in zweiter Linie – also in einem nachgestellten Sinne – den Entstehungs- und den Verwertungszusammenhang berücksichtigt, sprechen vorallem drei Gründe: (a) Zu Beginn wurde mit W und der daraus abgeleiteten wissenschaftsinternen Norm der Explizitmachung fundamentaler Wertannahmen im Entstehungs- und im Begründungszusammenhang ein Instrument der Ideologiekritik vorgegeben. Für die Berücksichtigung des EZ spricht, dass Pseudowissenschaften oftmals (stillschweigend) wissenschaftsexterne Wertannahmen voraussetzen, um ihre Theorien zu rechtfertigen oder unliebsame Kritiker zu diskreditieren. Zudem wird mitunter die Selektion von Theorien und Methoden im Entstehungszusammenhang von wissenschaftsexternen Wertannahmen abhängig gemacht, die den Erkenntniserfolg im Sinne von Z unterminieren. Sie führen

137 Siehe Abschnitt 2.1.1.

138 Im Kontext der terminologischen Vorbemerkungen zu D wurden dazu zwei Interpretationen des Präfix »pseudo-« vorgeschlagen. Siehe Abschnitt 2.1.1.

letztlich dazu, dass Mittel im Begründungszusammenhang verwendet werden, die nicht hinrechend oder optimal zur Realisierung von Z sind.[139] Es ist außerdem ein Charakteristikum von Pseudowissenschaften, dass sie systematisch über solche Wertverschleppungen hinwegtäuschen. Beispielsweise interpretieren bibeltreue Kreationisten die Genesis als Tatsachenbericht, der im Sinne einer Literalinterpretation auszulegen ist, da es sich nach ihrer Auffassung um die Offenbarung Gottes handelt.

(b) Für die Berücksichtigung des Verwertungszusammenhangs von Pseudowissenschaften spricht die Tatsache, dass sie oftmals lebensweltliche Probleme betreffen und dabei auf die Hervorbringung von Pseudotechnologien hinauslaufen. So tritt beispielsweise bei esoterischen Wunderheilern die Rechtfertigung ihrer Praxis vor Kunden in den Hintergrund, weswegen sie sich u.a. einer ausgeklügelten Terminologie bedienen, um fachliche Kompetenz zu suggerieren. Wenn Begriffe wie »Quantum Therapy«, »Quantum Entrainment«, »Quantum Touch« oder »Matrix Energetics« verwendet werden, geht es nicht um die nachvollziehbare Rechtfertigung der alternativmedizinischen Heilweise, sondern ganz offensichtlich um werbewirksame Begriffe, die Vertrauen erwecken sollen.

(c) Der wichtigste Grund für die Berücksichtigung weiterer Zusammenhänge bei der Bewertung des wissenschaftlichen Status einer Pseudowissenschaft ist die bereits angesprochene Rückbezüglichkeit des BZ auf den EZ.[140] Eines der Kriterien für Pseudowissenschaften, das am häufigsten genannt wird, ist die mangelnde Bereitschaft zur Revision der eigenen Theorie durch ihre Vertreter.[141] Selbst unter der Voraussetzung, dass logisch-methodologische Fehler im Begründungszusammenhang einer pseudowissenschaftlichen Theorie nachgewiesen werden, kommt es nur in seltenen Fällen vor, dass Theorien deswegen revidiert werden. D. h. es findet keine korrektive Rückwirkung vom Begründungszusammenhang auf die Selektion von Problemen, Theorien und Methoden im Entstehungszusammenhang statt. Damit assoziiert ist das Phänomen, dass seltene Revisionen zumeist wissenschaftsexternem Druck zu verdanken sind und nicht wissenschaftsinternen Diskussionen.

Bei Pseudowissenschaften ist nicht nur der Begründungszusammenhang gestört, sondern der ganze Forschungsprozess durch ein systematisches Defizit belastet. Zwar ist es sogar zweifelhaft, ob Z von Pseudowissenschaftlern als oberste wissenschaftsinterne Norm tatsächlich geteilt wird. Dies muss aber in D vorausgesetzt werden, weil Pseudowissenschaftler sich selbst als »Wissenschaftler« und ihre Theorien als »wissenschaftlich« bezeichnen.

139 Schurz (2006), S. 42.

140 Siehe Abschnitt 1.2.3.

141 Vgl. Gruenberger (1962); Thagard (1978); MacRobert (1982); Radner / Radner (1982); Bunge (1982); Grove (1985); Derkson (1993); Kitcher (2001); Kitcher (2007); Hines (2003).

In D wird folglich in erster Linie der Begründungszusammenhang betrachtet werden, d. h. es wird untersucht, inwiefern eine mutmaßlich pseudowissenschaftliche Theorie begründet ist und gegebenenfalls, inwiefern sie ein systematisches Defizit aufweist. In zweiter Linie sollen auch der Entstehungs- und der Verwertungszusammenhang untersucht werden, um eine möglichst umfassende Bewertung des wissenschaftlichen Status zu ermöglichen.

Dazu sei noch angemerkt, dass die Verwechslung oder illegitime Gleichsetzung von Entstehungs-, Begründungs- oder Verwertungszusammenahng in jedem Fall zu kritisieren, beziehungsweise ein mögliches Kriterium von Pseudowissenschaft ist. In D selbst wird keine Gleichsetzung vorgenommen, sondern vielmehr wird die Auffassung vertreten, dass wir eine mutmaßlich pseudowissenschaftliche Theorie nur als solche erkennen können, wenn wir eine weite Perspektive einnehmen. Diese Auffassung wird weiter ausgearbeitet werden, wenn es um die (konkrete) Bewertungsgrundlage und den Bewertungsgegenstand geht, und sie schlägt sich in dem Zwei-Ebenen-Ansatz der Bewertungsheuristik nieder.[142]

2.3 Bewertungsgegenstand und Bewertungsgrundlage

Bevor die Bewertungskriterien von D besprochen werden, sollten noch die Fragen nach dem Gegenstand des Prädikats »pseudowissenschaftlich« und die nach der Grundlage der Bewertung geklärt werden.

Was kann prinzipiell als »pseudowissenschaftlich« bezeichnet werden? Offenbar gibt es verschiedene Bezugsobjekte für das Prädikat »pseudowissenschaftlich«. Hansson listet unter dem Verweis auf verschiedene Ansätze zum Demarkationsproblem eine Reihe von möglichen Bezugsobjekten auf, nämlich Forschungsprogramme, epistemische Felder, kognitive Disziplinen, Theorien, Handlungen, wissenschaftliche Probleme und Fragen oder einzelne Untersuchungen.[143] Warum es so viele Bewertungsgegenstände gibt, auf die das Prädikat »pseudowissenschaftlich« bezogen werden kann, lässt sich vor dem Hintergrund der philosophischen Voraussetzungen beantworten: Es können potentiell all diejenigen Dinge als »wissenschaftlich«, »unwissenschaftlich« oder »pseudowissenschaftlich« bezeichnet werden, die (i) einen propositionalen Gehalt in Form wissenschaftlicher Erkenntnis ausdrücken – d. h. die Äußerungen von Aussagen, Gesetze oder Theorien sind – oder (ii) ein vermeintliches Mittel zur Hervorbringung solcher Aussagen, Gesetze oder Theorien sind.[144] Wissenschaftliche Er-

142 Siehe Abschnitt 2.3 und 2.5.

143 Vgl. Hansson (2008), Abschnitt 3.5.

144 Im Fall von »pseudowissenschaftlichen Methoden« – beispielsweise einer Literalinterpretation der Genesis zur Erforschung der Entstehung der botanischen Arten – sind die Methoden weder hinreichend noch optimal zur Realisierung von Z.

kenntnis ist hier im im Sinne von Z zu verstehen und die Mittel zur Hervorbringung solcher Aussagen sind die Methoden der Forschung.

Neben dieser Setzung wird in D eine Gewichtung vorgenommen, was dem Vorgehen der meisten Ansätze zum Demarkationsproblem entspricht. Dieser Gewichtung zufolge ist die Bewertung des wissenschaftlichen Status in erster Linie auf Theorien beziehungsweise die Gesamtheit der positiven und negativen Aussagen einer Pseudowissenschaft bezogen. Nur in zweiter Linie sollen etwa auch Methoden oder andere Gegenstände als »pseudowissenschaftlich« bezeichnet werden.

Die als »Pseudowissenschaften« zu adressierenden Theorien werden in D zuvor adäquat rekonstruiert, um eine kritikfähige Diskussionsgrundlage zu etablieren und damit anekdotische Kritik zu vermeiden. Anekdotische Kritik an einer Pseudowissenschaft ist beispielsweise in den Beiträgen von Ulrich Kutschera, Martin Neukamm und Andreas Beyer zu finden, die sich ausführlich mit den zumeist auf einer privaten Internetseite veröffentlichten Artikeln des Kreationisten Wolf-Ekkehard Lönnig auseinandersetzen.[145] Ein solches Vorgehen, welches den einzelnen Pseudowissenschaftler in den Blick nimmt, setzt sich der Kritik aus, die Beiträge eines Vertreters zu untersuchen, der eventuell nicht repräsentativ für die Mehrzahl der Vertreter der Pseudowissenschaft ist. Deswegen scheint die Voranstellung einer adäquaten Rekonstruktion zielführend zu sein, die eine gemeinsame Diskussionsgrundlage bietet. Dennoch kann die kritische Untersuchung von pseudowissenschaftlichen Beiträgen, die als Rechtfertigung einer bestimmten pseudowissenschaftlichen Theorie gedacht sind, sehr wohl ein lohnendes und wichtiges Unterfangen sein. Dies mag auch – in einem nachgeordnetem Sinne – die Kritik repräsentativen individuellen und kollektiven Verhaltens auf Seiten der Pseudowissenschaftler miteinschließen.

Auf welcher Grundlage soll nun die adäquate Rekonstruktion (T_{krit}) einer mutmaßlich pseudowissenschaftlichen Theorie entwickelt werden? Da in D in erster Linie der Begründungszusammenhang untersucht werden sollte und nur in zweiter Linie der Entstehungs- und der Verwertungszusammenhang, sind zwei Schritte der adäquate Rekonstruktion einer Pseudowissenschaft sinnvoll: Zunächst rekonstruieren wir die mutmaßlich pseudowissenschaftliche Theorie (T_{krit}) unter der Berücksichtigung der philosophischen Voraussetzungen (Z, E_1 bis E_5, M_1 bis M_4 und W) und auf der Grundlage der relevanten Aspekte des Begründungszusammenhangs. T_{krit} kritisieren wir dann mit ganz bestimmten Bewertungskriterien, die im nächsten Abschnitt besprochen werden. Später erweitern wir diese adäquate Rekonstruktion T_{krit} um die relevanten Aspekte des Entstehungs- und des Verwertungszusammenhangs. Diese erweiterte Rekonstruktion (T_{krit+}) kritisieren wir dann mit anderen Kriterien, die ebenfalls im nächsten Abschnitt vorgestellt

145 Vgl. Kutschera (2004), S. 180-185. und Neukamm / Beyer (2007), S. 232-276.

werden. Diese Strategie deutet bereits an, dass die Bewertungsheuristik aus vier Schritten besteht.[146]

> Erster rekonstruierender Schritt: Adäquate Rekonstruktion von T_{krit} auf der Grundlage der relevanten Aspekte des Begründungszusammenhangs.
>
> Erster normativer Schritt: Kritik von T_{krit}.
>
> Zweiter rekonstruierender Schritt: Erweiterung der adäquaten Rekonstruktion T_{krit} um die relevanten Aspekte des Entstehungs- und Verwertungszusammenhangs (T_{krit+}).
>
> Zweiter normativer Schritt: Kritik von T_{krit+}.

Was sind die relevanten Aspekte des Entstehungs-, Begründungs- und Verwertungszusammenhangs, die bei der adäquaten Rekonstruktion von T_{krit} und bei deren Erweiterung zu T_{krit+} berücksichtigt werden sollten?

Relevante Aspekte im Begründungszusammenhang, die der adäquaten Rekonstruktion von T_{krit} dienen, sind potentiell alle Zeugnisse der Vertreter einer mutmaßlichen Pseudowissenschaft, in denen positive Aussagen über ihr Glaubenssystem oder negative Aussagen über das von ihnen kritisierte Glaubenssystem gemacht werden. Die einzelnen Zeugnisse müssen dabei hinsichtlich ihrer Autorenschaft identifizierbar sein und es ist auf eine repräsentative Auswahl der Quellen zu achten, damit die Rekonstruktion tatsächlich eine adäquate Abbildung der Pseudowissenschaft ist und als eine gemeinsame Diskussionsgrundlage dienen kann. Beispiele für diese (erste) Bewertungsgrundlage sind Artikel, Monographien, Vortragsskripte, oder Interviews der Vertreter einer Pseudowissenschaft, in denen für die Gültigkeit ihres Glaubenssystems argumentiert wird.

Die Bewertungsgrundlage, auf der die adäquate Rekonstruktion von T_{krit} basiert, ist bewusst selbstbezüglich (positive Aussagen von Pseudowissenschaftlern über die pseudowissenschaftliche Theorie) und fremdbezüglich (negativ Aussagen von Pseudowissenschaftlern über eine konkurrierende Theorien) formuliert. Wenn es um den wissenschaftlichen Status des Intelligent Design geht, wird sich nämlich zeigen, dass manche Pseudowissenschaften lediglich aus drei Elementen bestehen, (1) einer nur angedeuteten positiven Theorie, deren Gehalt nicht genau bestimmt wird, (2) einer Menge von Kritikpunkten an einer etablierten Konkurrenztheorie und (3) der Annahme, dass zwischen der proklamierten Pseudowissenschaft bzw. der nur angedeuteten positiven Theorie und der etablierten Theorie eine Ausschlussrelation bestehe. Auf der Grundlage der Kritik an der etablierten Konkurrenztheorie (2) und der Annahme des Ausschlussverhältnisses (3) schließen Pseudowissenschaftler dann auf die Wahrheit ihrer Theorie (1).[147]

---

146 Siehe Abschnitt 2.5.

147 Vgl. Ruse (1982), S. 258.

Die Bewertungsgrundlage, welche bei der Erweiterung der adäquaten Rekonstruktion T_{krit} zu T_{krit+} berücksichtigt wird und die relevanten Aspekte des Entstehungs- und Begründungszusammenhangs umfasst, beinhaltet potentiell alle Zeugnisse der Vertreter einer mutmaßlichen Pseudowissenschaft, die den Entwurf ihrer spezifischen Probleme und die Selektion der verwendeten Theorien und Methoden im Entstehungszusammenhang betreffen, sowie potentiell alle Zeugnisse, welche die Nutzbarmachung der positiven Theorie betreffen. Wieder ist bei der Rekonstruktion auf den Nachweis der Autorschaft und die Repräsentativität der Quellen zu achten. Konkrete Beispiele für diese (zweite) Bewertungsgrundlage sind beispielsweise Artikel, Monographien oder Interviews der Vertreter einer Pseudowissenschaft, die auf die Motivation für die Auswahl bestimmter Methoden oder Theorien schließen lassen, wenn es um den Entstehungszusammenhang geht, oder etwa Produktbeschreibungen für pseudotechnologische Gegenstände.

Die Erfassung der Bewertungsgrundlage bei der adäquaten Rekonstruktion von T_{krit} und ihrer Erweiterung zu T_{krit+} wird durch verschiedene Sachverhalte erschwert. Zum Einen sind die vielen Pseudowissenschaften inhaltlich sehr heterogen, was ihren positiven Gehalt betrifft. Oft handelt es sich um ein Geflecht von Theorien, die von Einzelpersonen vertreten werden und lose durch ein gemeinsames Feinbild geeint sind, welches üblicherweise in den Wissenschaften etabliert ist. Beispielsweise gibt es eine Vielzahl esoterischer Pseudowissenschaften, die mit scheinbar naturwissenschaftlichem Jargon alternative Heilmethoden kaschieren. Es ist schwierig, bei diesen eher als »Pseudotechnologien« zu bezeichnenden Phänomen klar eine oder wenige positive Theorien zu identifizieren. Meistens handelt es sich um die Auffassungen einzelner Personen oder kleiner Gruppen, die sektiererisch tätig sind. Im Fall des wissenschaftlichen Kreationismus zeichnet beispielsweise Ronald Numbers nach, welchen Zerwürfnissen die kleinen Gruppierungen von (klassischen) Kreationisten nach der Etablierung der Evolutionstheorie von Charles Darwin und Russell Wallace unterlagen und wie schwierig sich die Konsensfindung bezüglich des positiven Gehalts des Kreationismus gestaltete.[148] Pseudowissenschaften wie Homöopathie oder der (moderne) wissenschaftliche Kreationismus / Intelligent Design weisen hingegen eine verhältnismäßig klare positive und negative Theorie auf, da sie unter anderem außerhalb der meisten wissenschaftlichen Institutionen eine externe Institutionsstruktur etablieren konnten.

Zuvor wurde die Ansicht vertreten, dass die Bewertungsgrundlage repräsentative Quellen beinhalten sollte, auf deren Grundlage eine mutmaßlich pseudowissenschaftliche Theorie T_{krit} und ihre Erweiterung T_{krit+} adäquat rekonstruiert

148 Numbers (1982), S. 192-214.

werden sollte. Zwei Argumente sind in diesem Zusammenhang relevant, die nach den soziologischen Fachbegriffen »Devianz« (für das Abweichen von vorgegebenen Normen) und »Konformität« (für die Erfüllung von vorgegebenen Normen) als »Devianz-« und »Konformitätsargument« bezeichnet werden.

Das Devianzargument wird von Pseudowissenschaftlern vorgebracht, die sich mit einer zugkräftigen Kritik an ihrem Glaubenssystem konfrontiert sehen. Sie wenden dann gegenüber dem Kritiker ein, dass seine Kritik nicht ihr eigenes Glaubenssystem betreffen würde, sondern das Glaubenssystem eines anderen, der tatsächlich als ein Pseudowissenschaftler anzusehen sei.

In der Anthologie *Schulwissenschaft Parawissenschaft Pseudowissenschaft* von Gerald Eberlein, in der Pseudowissenschaftler und deren Kritiker zu Wort kommen, findet man dafür ein illustratives Beispiel. Darin untersucht der Wissenschaftsphilosoph Bernulf Kanitscheider den wissenschaftlichen Status der Astrologie und kommt abschließend zu dem Urteil, dass es sich dabei um eine Art der esoterischen Lebensberatung handelt, die einer naturwissenschaftlichen Grundlage entbehrt.[149] Peter Niehenke, dessen Beitrag ebenfalls in der Anthologie zu finden ist, erwidert darauf, dass Kanitscheider eben nur die Vulgär-Astrologie des Mittelalters kritisieren würde und nicht die Theorien der ernsthaft arbeitenden Astrologen. Damit suggeriert Niehenke, dass innerhalb der Astrologie ein kritisches Bewusstsein für die Fehler der vorangegangen Generationen von Astrologen verbreitet sei, obwohl er an anderer Stelle von diesen Irrlehren als einem »alten Menschheitswissen« spricht.[150]

Das Devianzargument stellt sich somit als eine Immunisierungsstrategie heraus, welche die adäquate Rekonstruktion von T_{krit} oder T_{krit+} angreift, indem die Repräsentativität der zur Rekonstruktion verwendeten Quellen angezweifelt wird. Es verdeutlich, dass wir auch unter der Bedingung der adäquaten Rekonstruktion von T_{krit} oder T_{krit+} immer damit rechnen müssen, dass die betreffende Rekonstruktion von Pseudowissenschaftlern abgelehnt wird. Dennoch ist es angebracht, sich vor der Kritik einer mutmaßlichen Pseudowissenschaft um eine adäquate Rekonstruktion zu bemühen, um das Problem der anekdotischen Kritik zu vermeiden und eine gemeinsame Diskussionsgrundlage zu etablieren. Außerdem kann das Devianzargument selbst kritisiert werden, wenn es um die Kritik der erweiterten Rekonstruktion T_{krit+} geht, wie später gezeigt werden wird.

Das Konformitätsargument wird zumeist mit guter Absicht von Wissenschaftstheoretikern vorgebracht, die darauf aufmerksam machen, dass es beispielsweise auch in der Wissenschaft Vertreter des Kreationismus gibt. So gibt es etablierte Wissenschaftler im Bereich der Kosmologie, die sich mit der Erklä-

149 Kanitscheider (1991), S. 161.

150 Niehenke (1991), S. 175.

rung der scheinbaren Unwahrscheinlichkeit des Lebens im Universum beschäftigen. Unter diesen sind sogar Astrophysiker, die ein anthropisches Prinzip im Sinne eines Arguments für einen Kreationismus vertreten.[151] Diese Ansicht ist ihrerseits kritikwürdig. Schurz zeigt gute Gründe auf, warum wir aus methodologischen Gründen nicht dazu gezwungen sind, von der scheinbaren Einstellung bestimmter Parameter der physikalischen Welt auf die schöpferische Kraft Gottes zu schließen.[152] Die Argumente in dieser Sache werden später besprochen werden, wenn es um den wissenschaftlichen Status des Intelligent Design geht. Hier geht es zunächst um die Repräsentativität dieser Wissenschaftler für die Mehrzahl der Vertreter des modernen Kreationismus. Das Konformitätsargument verweist hier mit der besten Absicht darauf, dass wir nicht vorschnell jede kreationistische Auffassung als pseudowissenschaftlich zurückweisen können. Wir müssen allerdings im Hinterkopf behalten, dass wir an einer für die Pseudowissenschaft insgesamt repräsentativen Auswahl an Quellen interessiert sind. Wenn wir uns um die adäquate Rekonstruktion einer Pseudowissenschaft bemühen, dann dürfen wir vereinzelte Vorkommnisse spekulativen Denkens innerhalb naturwissenschaftlicher Subdisziplinen nicht mit dem Gedankengut verwechseln, welches üblicherweise mit einer Pseudowissenschaft assoziiert ist. Insofern ist das Konformitätsargument ein kritisches Problem für die Forderung der Repräsentativität, weil wir im Einzelfall sagen müssen, ob ein bestimmter Wissenschaftler repräsentativ für die Gesamtheit der Vertreter einer mutmaßlichen Pseudowissenschaft ist.

Das Devianz- und das Konformitätsargument zeigen, dass wir bei der adäquaten Rekonstruktion einer pseudowissenschaftlichen Theorie T_{krit} und ihrer Erweiterung zu T_{krit+} besonders auf die Repräsentativität der Quellen achten müssen, die als Bewertungsgrundlage herangezogen werden. Insbesondere bei der Erweiterung von T_{krit} ist die Vorgabe der Repräsentativität wichtig, falls dort individuelles oder kollektives Verhalten in den Blick genommen wird, das wir als kritikwürdig erachten.[153]

Zusammenfassend ist zu sagen, dass wir in D in erster Linie Theorien auf ihren wissenschaftlichen Status hin untersuchen und deswegen auch von Theorien als »Pseudowissenschaften« sprechen. In zweiter Linie werden wir auch Methoden und individuelles oder kollektives Verhalten untersuchen. Dazu berücksichtigen wir eine möglichst repräsentative Bewertungsgrundlage, um eine mutmaßlich pseudowissenschaftliche Theorie T_{krit} sowie ihre Erweiterung T_{krit+} jeweils erst zu rekonstruieren und dann zu bewerten.

---

151 Vgl. Schurz (2011a), S. 113 ff. und siehe Abschnitt 3.2.1.

152 Vgl. Schurz (2011a), S. 115 ff.

153 Siehe Abschnitt 2.4.3.

In den nächsten beiden Abschnitten geht es nun zunächst um die Kriterien der zwei normativen Schritte der Bewertung, die auf die adäquate Rekonstruktion von T_{krit} und auf deren Erweiterung zu T_{krit+} folgen. In T_{krit+} soll auch individuelles und kollektives Verhalten berücksichtigt werden, insofern es repräsentativ für die vorgebliche Forschungspraxis von Pseudowissenschaften ist. Zuletzt wird dann, um die Formulierung von D abzuschließen, die ganze Heuristik ausformuliert und durch eine restriktive Norm bezüglich des Sprachgebrauchs ergänzt.

2.4 Bewertungskriterien

In diesem Abschnitt gezeigt werden, wie aus Z, E_1 bis E_5, M_1 bis M_4 und W eine Vielzahl von wissenschaftsinternen Normen folgen, die als Bewertungskriterien von D dienen. Zudem können sie auch als Instrumente einer kritischen Wissenschaftstheorie verwendet werden, die Wissenschaft selbst kritisch bewertet.

2.4.1 Binnenstruktur wissenschaftlicher Normativität

Als es um die Schwierigkeiten ging, welche die Lösung des Demarkationsproblems erschweren, wurde festgestellt, dass manche der vorgeschlagenen Kriterienlisten heterogen sind, insofern die einzelnen Kriterien unterschiedliche Bezugsobjekte betreffen (Aussagen, Gesetze, Theorien, Methoden und individuelles oder kollektives Verhalten). Ferner wurde bemängelt, dass die Kriterien als wissenschaftsinterne Normen hinsichtlich dieser Bezugsobjekte, aber auch als negative Charakteristika von Pseudowissenschaften formuliert werden. In D sollen solche Schwierigkeiten vermieden werden. Dazu müssen wir zunächst drei Fragen beantworten, welche die Binnenstruktur wissenschaftlicher Normativität betreffen:

1. In welchem Verhältnis stehen wissenschaftsinterne Werte, wissenschaftsinterne Normen und Kriterien und wie können aus den philosophischen Annahmen (Z, E_1 bis E_5, M_1 bis M_4 und W) Kriterien gewonnen werden?
2. Wie können diese Kriterien typisierend erfasst werden?
3. Welche Kriterien können konkret abgeleitet werden?

Beantworten wir zunächst die ersten beiden Fragen und unterscheiden wir dazu zwischen wissenschaftsexternen und wissenschaftsinternen Werten. Letztere werden als wissenschaftsinterne Normen realisiert, die dann als Bewertungskriterien instrumentalisiert werden können. Unter »Realisierung« wird somit im Folgenden die Ableitung von wissenschaftsinternen Normen aus wissenschaftsinternen Werten und unter »Instrumentalisierung« die Verwendung dieser Normen als Kriterien im Bewertungsprozess verstanden.

Werte sind im allgemeinen Bezeichnungen „für den Grund oder das Ergebnis einer Wertung, d. h. der Bevorzugung einer Handlung vor einer anderen bzw. allgemein eines Gegenstandes oder eines Sachverhaltes vor einem anderen."[154] Als wissenschaftsinterne Werte werden von nun an diejenigen Gründe bezeichnet, die erklären, warum wir eine bestimmte wissenschaftsinterne Norm annehmen sollten. Genauer sind es all jene Werte, die in der Wissenschaftstheorie und den methodenbezogenen Diskursen der einzelnen Fachwissenschaften diskutiert werden, um wissenschaftliche Erkenntnis im Sinne von Z zu erreichen. In D wird außerdem angenommen, dass die zuvor besprochenen philosophischen Annahmen die üblicherweise vorausgesetzten (wissenschaftsintern-werthaften) Annahmen der empirischen Wissenschaft sind.

Wissenschaftsexterne Werte sind hingegen die Gründe, die hinter konkreten Wertungen stehen, welche im weitesten Sinne außerhalb des Begründungszusammenhangs der Wissenschaft anzutreffen sind. Sie können hinsichtlich verschiedener Gesichtspunkte unterschieden werden. So sind persönliche Werte etwa Pflichterfüllung, Disziplin, Tapferkeit oder Gerechtigkeit. Sie zeigen sich bestenfalls als psychische Dispositionen, die als Tugenden interpretiert werden können. Diese persönlichen Werte weisen einen großen Schnittbereich mit moralischen Werten auf, die u. a. der Ableitung von Pflichten und Verboten innerhalb der sozialen Interaktion dienen. Weitere Typen von wissenschaftsexternen Werten sind beispielsweise religiöse Werte wie Glaubensfestigkeit oder Gottergebenheit oder geistige Werte wie Weisheit oder Intelligenz. Materielle Werte, die sich auf äußere Güter beziehen, sind beispielsweise Macht, Ansehen oder Reichtum.

Hier geht es in erster Linie um die extern-normative Abgrenzungsfrage F und deswegen betrachten wir hauptsächlich wissenschaftsinterne Werte, die sich in ihrer Gesamtheit auf den Forschungsprozess, d. h. auf den Entstehungs-, den Begründungs- und den Verwertungszusammenhang beziehen. Beispiele für wissenschaftsinterne Werte sind die Verwendung von reproduzierbaren Experimenten oder die Einnahme einer kritischen Haltung gegenüber den Grundlagen der eigenen Forschung. Sie können offenbar in eine hierarchische Ordnung gebracht werden, in der der oberste wissenschaftsinterne Wert durch die axiologische Annahme Z bestimmt ist, weil sie das Ziel wissenschaftlicher Forschung benennt.[155] Alle anderen wissenschaftsinternen Werte und damit auch die wissenschaftsinternen Normen verleihen Z eine konkrete Bedeutung und dienen mittelbar seiner Verwirklichung. Er wird somit von einer Reihe von weiteren wissenschaftsexternen

154 Zit. Schwemmer (2001), S. 662.

155 Zuvor wurde von Z als »oberster wissenschaftsinterner Norm« gesprochen. Wenn ihr Status als rechtfertigende Instanz in den Blick genommen wird, kann im Folgenden von Z auch als »Wert« gesprochen werden.

Werten und in Form von Zweck-Mittel-Schlüssen abgeleiteten (realisierten) wissenschaftsinternen Normen begleitet. Deswegen wurde im Exkurs das allgemeine Schema des Zweck-Mittel-Schlusses wiedergegeben.[156] Es gilt dabei weiterhin dasjenige, was Schurz über Werte schrieb und bereits zitiert wurde:

> „Werte sind keine Eigenschaften, die den Gegenständen selbst innewohnen, sondern beruhen auf subjektiven Interpretationen durch uns Menschen. Ebenso sind Normen keine objektiven Tatsachen, sondern menschengemachte Forderungen, die gewissen Werten zur Realisierung verhelfen sollen."[157]

Die axiologische Annahme Z, die epistemologischen Annahmen E_1 bis E_5 und metaethische Annahme W können als wissenschaftsinterne Werte interpretiert werden. Beispielsweise bedeutet E_5 den Wert der Verwendung von angemessenen logischen Methoden zur Einführung von Begriffen, Formulierung von Sätzen sowie zur Bildung von Argumenten, zur letztendlichen Realisierung von Z, aus diesem Wert folgen verschiedene wissenschaftsinterne Normen, wie später gezeigt werden wird. Die erkenntnistheoretischen Annahmen E_1 bis E_5 und die axiologische Annahme Z sind insofern deskriptiv, als dass angenommen werden kann, dass sie in den empirischen Wissenschaften üblicherweise akzeptiert werden und damit die Grundlage wissenschaftlicher Rationalität bilden. Da E_1 bis E_5 aber auch den mehr oder minder verbindlichen Standards der empirischen Wissenschaften eine konkrete Bedeutung verleihen und in wissenschaftsinternen Normen resultieren, können sie hinsichtlich ihrer Funktion ebenso als normative Annahmen (wissenschaftsinterne Werte) aufgefasst werden.

Innerhalb der wissenschaftsinternen Werte kann lose zwischen (eher) epistemischen und eher nicht-epistemischen Werten unterschieden werden.[158] Epistemische Werte erklären, warum bestimmte (epistemische) Normen angenommen und damit auch befolgt werden sollten, die unerlässlich sind, um Z zu verwirklichen. Nicht-epistemische Werte sind hingegen die Gründe, um nicht-epistemische Normen anzunehmen und zu befolgen. Diese sind nicht unerlässlich, aber förderlich für die Findung von möglichst wahren und gleichzeitig möglichst gehaltvollen Aussagen, Gesetzen und Theorien.

Ein Beispiel für einen epistemischen Wert ist die Verwendung von angemessenen Methoden der empirischer Forschung, um im Sinne des Merkmals M_2, des methodologischen Empirismus möglichst viele und möglichst relevante aktuale Beobachtungssätze zu finden. Es bedarf im Einzelfall einer gesonderten Begründung, was unter den angemessenen Methoden zu verstehen ist. An dieser Stelle

---

156 Siehe Abschnitt 1.2.3.

157 Zit. Schurz (2006), S. 39.

158 Man könnte auch sagen, dass diese wissenschaftsinternen Werte und die aus ihnen abgeleiteten Normen »indirekt epistemisch« sind, falls die Formulierung »nicht-epistemisch« vermieden werden soll.

zählt die Einsicht, dass die Verwendung von angemessenen Methoden der empirischen Forschung deswegen als ein epistemischer Wert zu verstehen ist, weil die Bestätigung der möglichst wahren und und gleichzeitig möglichst gehaltvollen Aussagen, Gesetze und Theorien auf aktualen Beobachtungssätzen gründet. Die Verwendung von angemessenen Methoden der empirischen Forschung zur Erhebung dieser empirischen Daten ist also unerlässlich für die Begründung wissenschaftlicher Erkenntnis im Sinne von Z.

Ein nicht-epistemischer Wert ist beispielsweise die Vermeidung von Tierversuchen oder die Verwendung von ökonomischen (ressourcensparenden) Experimentaldesigns. Diese Werte sind zwar ebenfalls wissenschaftsintern, denn sie beziehen sich auf den Forschungsprozess, aber sie sind nicht epistemischer Natur. Die Vermeidung von Tierversuchen zielt beispielsweise nicht auf die Gewinnung von wissenschaftlicher Erkenntnis im Sinne von Z ab, sondern auf die Mittel, die zur Gewinnung verwendet werden. Sie begrenzt nämlich den Katalog von möglichen Methoden im Entstehungszusammenhang vor dem Hintergrund der Auffassung, dass es sich bei leidensfähigen nichtmenschlichen Organismen zumindest um moralische Objekte handelt, die gewisse Schutzrechte besitzen.[159]

Viele der wissenschaftsinternen Werte, die nicht-epistemischer Natur sind, sind mit wissenschaftsexternen Werten assoziiert und eine erschöpfende Darstellung wird hier nicht möglich sein. Dennoch ist es sinnvoll, zumindest zwei Konstellationen zu betrachten, nämlich erstens den Konflikt zwischen (epistemischen) wissenschaftsinternen Werten und wissenschaftsexternen Werten, und zweitens die Übertragung von wissenschaftsexternen Werten zu wissenschaftsinternen Werten.

Ein Konfliktfall zwischen wissenschaftsinternen und wissenschaftsexternen Werten ist beispielsweise dann gegeben, wenn der oberste wissenschaftsinterne Wert konkret in Wissen um die Humanevolution resultiert, das im Widerspruch zu bestimmten werthaften Annahmen über die Stellung des Menschen in der angenommen Schöpfung Gottes steht. Wir müssen uns dann im Einzelfall entscheiden, ob wir den wissenschaftsexternen (religiösen) Wert der Glaubensfestigkeit oder einen bestimmten Katalog von wissenschaftsinternen Werten verwirklichen möchten.[160]

---

159 Einer der prominentesten Vertreter einer restriktiven Tierschutzethik ist der Moralphilosoph Tom Regan, der für weitreichende Schutzrechte von Tieren in der Forschungspraxis eintritt. Vgl. Regan (1983 / 2004), S. 363-398.

160 Der Konflikt zwischen Religion und Wissenschaft, der er sich insbesondere in der Anfeindung der modernen Evolutionstheorie durch den modernen Kreationismus zeigt, ist m. E. weniger ein Konflikt zwischen Weltbildern, sondern ein Konflikt zwischen wissenschaftsexternen und wissenschaftsinternen Werten. Siehe Abschnitt 3. Diese Analyse teilt auch Barbara Forrest, die die religiöse Tugend der Glaubensfestigkeit / Gläubigkeit (faith) als nicht-epistemisch beurteilt und die systematische Prioritätsstellung religiöser Überzeugungen vor empirischen Belegen im Zusammenhang des Intelligent-Design-Kreationismus kritisiert. Vgl. Forrest (2001), S. 339.

Eine Übertragung von wissenschaftsexternen Werten zu wissenschaftsinternen und nicht-epistemischen Werten ist dann gegeben, wenn beispielsweise vor dem Hintergrund eines Pathozentrismus dem Leiden von nichtmenschlichen Tieren eine moralische Valenz zugesprochen wird und dies in dem nicht-epistemischen Wert der Vermeidung von Tierexperimenten mündet. Dieser Wert kann dann in konkreten wissenschaftsinternen Normen realisiert werden, die in differenzierter Weise auf den Forschungsprozess bezogen und in umfassendere normative Systeme eingebunden sind. Konkret stellten sich dabei zwei Fragen, nämlich welche wissenschaftsexternen Werte innerhalb des Forschungsprozess berücksichtigt werden sollten und wer darüber entscheiden sollte.

Da der Bewertungsnutzen als die Feststellung eines systematischen Defizits einer (mutmaßlichen) Pseudowissenschaft bestimmt wurde, worunter (i) die Verwendung von nicht hinreichenden oder nicht optimalen Methoden zur Erfüllung von Z und (ii) das Vorhandensein einer Täuschungsabsicht verstanden wird, muss bei der Realisierung der wissenschaftsinternen Normen aus den wissenschaftsinternen Werten der Nachweis erbracht werden, inwiefern jene Normen – und damit ihre Bezugsobjekte – notwendige oder optimale Mittel im Forschungsprozess darstellen. Diese Mittel sind mehrfach relativ, nämlich (i) zum Stand der vorgeschlagenen Alternativtheorien, (ii) zum Stand der verfügbaren technischen Mittel und (iii) zum Stand der bekannten empirischen Daten. Außerdem (iv) ist durch den spezifischen Gegenstandsbereich der wissenschaftlichen Disziplin vorgegeben, welche Mittel notwendiger oder optimaler Natur sind. Der letzte Punkt ist insbesondere in dem Fall bedeutend, wenn eine Pseudowissenschaft explizit als Alternative gegenüber einer wissenschaftlich etablierten Theorie oder eines Paradigmas auftritt und einen Katalog von Methoden verwendet, der untypisch für den disziplinären Zusammenhang der etablierten Theorie ist.[161]

Die hier vorausgesetzte Unterscheidung zwischen wissenschaftsinternen Werten und deren Realisierung in Form von wissenschaftsinternen Normen, drückt die Auffassung aus, dass die Erfüllung des obersten wissenschaftsinternen Werts Z konkret durch die Befolgung einer Vielzahl von wissenschaftsinternen Normen erreicht wird. Diese wissenschaftsinternen Normen schreiben vor, wie der Forschungsprozess vollzogen werden sollte. Da der Forschungsprozess selbst ein komplexes Phänomen ist, folgen aus wissenschaftsinternen Werten viele wissenschaftsinterne Normen mit multiplen Bezugsobjekten, nämlich Theorien und Methoden einerseits und individuelles oder kollektives Verhalten andererseits.[162]

161 Beispielsweise kann im Fall des wissenschaftlichen Kreationismus, der von einer literalen Interpretation der Genesis ausgeht, keine empirische Forschung ausgemacht werden, die erkennen lässt, warum es sich dabei um eine Theorie der Biologie oder der Naturwissenschaften im weiteren Sinne handelt.

162 Bunge (1982), S. 380.

Theoriebezogene Normen fordern beispielsweise die Vermeidung von nicht-falsifizierbare Annahmen, die lediglich der Immunisierung dienen und den empirischen Gehalt einer Theorie nicht vergrößern, was aus E_2 abgeleitet werden kann, oder die Explikation der grundlegenden Begriffe einer Theorie, was aus E_5 ergibt. Eine methodenbezogene Normen ist beispielsweise, die Verwendung reproduzierbarer Experimente, die insbesondere aus E_3, E_4 und E_5 folgt. Eine wissenschaftsinterne Norm, die sich auf kollektives oder individuelles Verhalten bezieht, ist, um ein letztes Beispiel zu geben, die Vermeidung von Initiationsriten, die der Unterdrückung interner Kritik dienen, was durch E_2 und E_3 begründet werden kann.[163]

Neben der Unterscheidung dieser Bezugsobjekte können noch zwei Typen von wissenschaftsinternen Normen unterschieden werden, nämlich (eher) epistemische und (eher) nicht-epistemische Normen. Diese Unterscheidung ist analog zu der Unterscheidung von (wissenschaftsinternen) epistemischen und nicht-epistemischen Werten. Die Befolgung von epistemischen Normen ist unerlässlich, um Z zu verwirklichen, wohingegen die Befolgung von nicht-epistemischen Normen nicht unerlässlich, aber förderlich zur Verwirklichung von Z ist. Im Einzelfall kann diskutiert werden, welche wissenschaftsinternen Normen eher epistemischer und welche eher nicht-epistemischer Natur sind. Beispielsweise ist die Verwendung von angemessenen logischen und mathematischen Methoden in der Wissenschaft ein (relativer) wissenschaftsinterner Wert, der zwar der Erfüllung von Z dient, aber in vielen Fällen weder notwendig noch hinreichend zur Findung von möglichst wahren und gehaltvollen Aussagen, Gesetzen oder Theorien ist. Dennoch können wir daraus verschiedene wissenschaftsinterne Normen ableiten, die sich sowohl auf Theorien oder Methoden als auch auf individuelles oder kollektives Verhalten beziehen. Als eine nicht-epistemische und theorien- oder methodenbezogene Norm kann der wissenschaftsinterne Wert der Verwendung von angemessenen logischen und mathematischen Methoden unter anderem in der wissenschaftsinternen Norm realisiert werden, die zentralen Begriffe einer Theorie zu explizieren. Handelt es sich bei diesem Beispiel eher um eine epistemische oder eine nicht-epistemische Norm? Um diese Frage zu beantworten, sollten fünf Punkte angesprochen werden, die wissenschaftsinterne Normen betreffen:

- die Gradualität der Erfüllung wissenschaftsinterner Normen
- die Kontextualität wissenschaftsinterner Normen
- der Holismus und insbesondere die Komplementarität wissenschaftsinterner Normen
- die Konsensfindung im Bereich wissenschaftsinterner Normen
- die Typisierung wissenschaftsinterner Normen

163 Konkrete Ableitungen von wissenschaftsinternen Normen werden später vorgenommen werden, sobald eine Typisierung von wissenschaftsinternen Normen vorliegt.

Wissenschaftsinterne Normen können in manchen Fällen mehr oder weniger erfüllt sein (Gradualität der Erfüllung wissenschaftsinterner Normen). So ist die Explikation zentraler Begriffe epistemisch relevant, weil nur so ersichtlich ist, was aus der Theorie folgt, in der die Begriffe verwendet werden, und woran sie zu überprüfen ist. Theorien können dieser wissenschaftsinternen Norm mehr oder weniger entsprechen, wie der Vergleich der Standards der Begriffsbildung innerhalb der Physik mit den Standards der Begriffsbildung innerhalb der Literaturwissenschaften zeigt.

Der Status von wissenschaftsinternen Normen schwankt dabei in den verschiedenen disziplinären Kontexten (Kontextualität wissenschaftsinterner Normen). Eine stärkere Norm als die unverbindlich geforderte Explikation zentraler Begriffe könnte beispielsweise die Forderung nach der möglichst expliziten Definition zentraler Begriffe sein. Diese Norm ist insbesondere in den Naturwissenschaften essentiell, um den empirischen Gehalt einer Theorie zu klären. In den interpretierenden Kulturwissenschaften postmoderner Prägung wird dieser Norm hingegen ein untergeordneter Status zugesprochen.

Es ist ein interessanter Sachverhalt, dass wissenschaftsinterne Werte sowohl in Form von handlungsbezogenen, als auch in Form von theorien- oder methodenbezogenen Normen realisiert werden können, die zueinander komplementär sind (Komplementarität wissenschaftsinterner Normen). Die Möglichkeiten der Realisierung sind nicht aufeinander reduzierbar und ergänzen einander. Dass ein Wissenschaftler beispielsweise bereit sein sollte, seine Auffassungen aus guten Gründen zu revidieren, ist eine epistemische und handlungsbezogene Norm. Sie ist komplementär zu der theoriebezogenen Norm, dass eine Theorie empirische Konsequenzen beinhalten sollte, anhand derer ihr epistemischer Status ermittelt werden kann.[164] Da wissenschaftsinterne Werte in Form einer Vielzahl von wissenschaftsinternen Werten realisiert werden, die zueinander komplementär sind, ist die Rede von einem Holismus der wissenschaftsinternen Normen angebracht. Damit ist hier die Auffassung gemeint, dass wissenschaftsinterne Normen nicht in Isolation, sondern in ihrem Zusammenwirken mit anderen Normen betrachtet werden sollten, um den wissenschaftlichen Status einer mutmaßlichen Pseudowissenschaft oder einer wissenschaftlichen Theorie zu bewerten.[165]

Zuletzt kann angemerkt werden, dass die Konsensfindung in wissenschaftsinternen Wertfragen weniger Spielraum für kulturrelative Interpretationen zulässt, als es bei der Findung gemeinsamer wissenschaftsexterner Werturteile der

164 Siehe Abschnitt 2.1.5 (M_1 bis M_4).

165 Um diesen Auffassung zu verdeutlichen, werden im nächsten Abschnitt verschiedene wissenschaftsinterne Normen aus den philosophischen Annahmen entwickelt werden, die teilweise komplementär zueinander sind. Siehe Abschnitt 2.4.2.

Fall ist. Sicher gibt es eine Vielzahl von Diskussionen über den Status bestimmter wissenschaftsinterner Werte bzw. Normen, beispielsweise kann diskutiert werden, ob ontologische Einfachheit als ein epistemischer oder ein nicht-epistemischer Wert zu interpretieren ist. Diese Frage ist kompliziert und wirkt sich direkt auf den Status der Normen aus, die aus diesem Wert abgeleitet und mittelbar als Kriterien für die Bewertung von Theorien und Hypothesen herangezogen werden. Jedoch sind solche Fragen vor dem Hintergrund des fundamentalen wissenschaftsinternen Werts Z zu diskutieren, welcher der Wissenschaft zugrunde liegt. Insbesondere die multikriteriellen Ansätze, die zu Beginn der vorliegenden Untersuchung besprochen wurden, verdeutlichen, dass über bestimmte Charakteristika von Wissenschaft ein rationaler Konsens besteht, der nicht durch alternative Komplexe von wissenschaftsinternen Wertvorstellungen flankiert wird. Beispielsweise würde kein Wissenschaftler die wissenschaftsinterne Norm ablehnen, dass empirische Daten nicht manipuliert werden dürfen, um ein erkenntnisleitendes Interesse zu verwirklichen. Im Bereich der Kulturen hingegen existieren sehr verschiedene Wertsysteme parallel, weswegen hier die Konsensfindung bezüglich wissenschaftsexterner Werte sehr viel schwieriger ist.

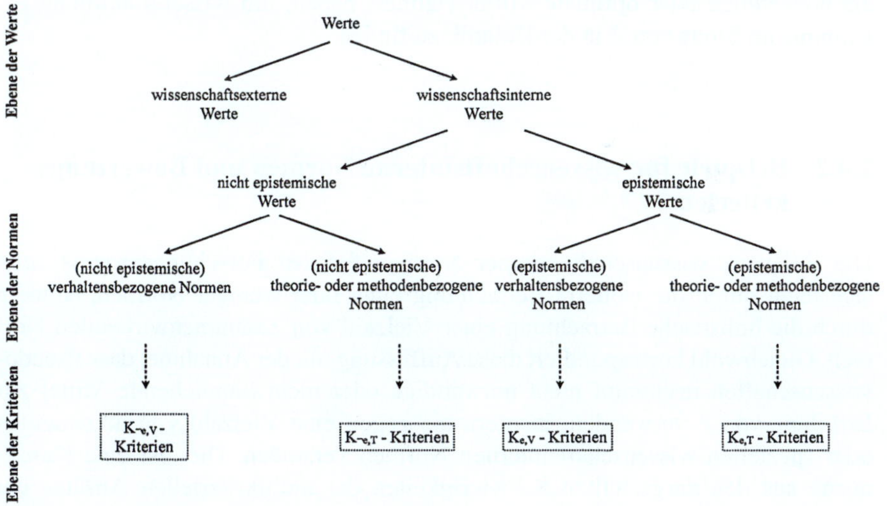

Abb. 2.4.1. A Typologie der Bewertungskriterien.

Die Typologie von Bewertungskriterien nimmt letztendlich diese Form an und ermöglicht die Typisierung von wissenschaftsinternen Normen und Bewertungskriterien.[166]

Im folgenden Abschnitt geht es um die Ableitung von wissenschaftsinternen Normen aus den philosophischen Annahmen (Z, E_1 bis E_5, M_1 bis M_4 und W), also Gewinnung von wissenschaftsinternen Normen aus wissenschaftsinternen Werten (Realisierung) und die Verwendung dieser wissenschaftsinternen Normen als Kriterien im Bewertungsprozess (Instrumentalisierung). Dazu betrachten wir verschiedene Ableitungen von epistemischen und nicht-epistemischen Bewertungskriterien, die im dritten Teil der vorliegenden Untersuchung wieder aufgegriffen werden, wenn es um den wissenschaftlichen Status des Intelligent Design geht. Wir beschränken uns dabei auf allgemeine Normen, von denen angenommen werden kann, dass sie mehr oder weniger für jeden Wissenschaftler akzeptabel sind, der die philosophischen Annahmen teilt. Wir werden jedoch nicht auf die besonderen Normen eingehen, die in den einzelnen Disziplinen evolviert sind. Beispielsweise werden wir uns nicht mit den Standards der Mikroskopie oder der Färbetechnik innerhalb der Botanik beschäftigen, welche sich als notwendige oder optimale Mittel etabliert haben, um wissenschaftliche Erkenntnis im Sinne von Z in der Botanik zu finden.

2.4.2 Beispiele für wissenschaftsinterne Normen und Bewertungskriterien

Die Relevanz wissenschaftsinterner Normen für den Forschungsprozess zeigt sich nicht durch die isolierte Betrachtung einer oder weniger Normen, sondern durch die holistische Betrachtung einer Vielzahl von zusammenwirkenden Normen. Gleichwohl korrespondiert diese Auffassung mit der Annahme, dass Pseudowissenschaften insgesamt nicht notwendige oder nicht hinreichende Mittel zur Erfüllung von Z verwenden, insofern sie gegen eine Vielzahl von allgemeinen oder speziellen wissenschaftsinternen Normen verstoßen. Dies ist eine Konsequenz aus den dargestellten Schwierigkeiten der multikriteriellen Ansätze der Demarkation.[167]

---

166 Notation: »$K_{e,V,1\text{-}n}$« sind epistemische Kriterien, die sich auf individuelles oder kollektives Verhalten beziehen. »$K_{e,T,1\text{-}n}$« sind epistemische Kriterien, die sich auf Theorien oder Methoden beziehen. »$K_{\neg e,V,1\text{-}n}$« sind nicht-epistemische Kriterien, die sich auf individuelles oder kollektives Verhalten beziehen und »$K_{\neg e,T,1\text{-}n}$« sind nicht-epistemische Kriterien, die sich auf Theorien oder Methoden beziehen.

167 Siehe Abschnitt 1.2.4.

Dass die wissenschaftsinternen Normen aus den philosophischen Annahmen abgeleitet werden, meint nachfolgend lediglich, dass es vor dem Hintergrund der philosophischen Annahmen Z, E_1 bis E_5, M_1 bis M_5 und W plausibel ist, bestimmte Anforderungen an den Forschungsprozess zu stellen, um das oberste Erkenntnisziel Z zu verwirklichen. Die wissenschaftsinternen Normen werden dabei als notwendige oder optimale Mittel zur Erfüllung von Z interpretiert. Die Bewertung des wissenschaftlichen Status einer mutmaßlichen Pseudowissenschaft zielt auf die Diagnose eines systematischen Defizits ab, womit konkret Verstöße gegen eine Vielzahl von wissenschaftsinternen Normen gemeint sind. Dementsprechend sollen keine notwendigen oder hinreichenden Kriterien für Pseudowissenschaft benannt, sondern eine Vielzahl von Bewertungskriterien herangezogen werden, die in einer Vielzahl von wissenschaftsinternen Normen begründet sind. Weil diese nicht in ihrer Gesamtheit hier nicht besprochen werden können, betrachten wir nur eine Auswahl von allgemeinen wissenschaftsinternen Normen, die für die Bewertung des wissenschaftlichen Status des Intelligent Design relevant sind.[168] Dazu untersuchen wir zunächst eine Reihe von Eigenschaften von Pseudowissenschaften (s.u.), die von Wissenschaftstheoretikern gemeinhin bemängelt werden, und zeigen dann, inwiefern diese Eigenschaften bestimmten wissenschaftsinternen Normen widersprechen, die aus den philosophischen Annahmen folgen:

- die Verwendung von nicht-falsifizierbaren Annahmen oder Methoden zur Immunisierung der eigenen Theorie[169]
- die Abwesenheit von Erklärungen oder Voraussagen unter Zuhilfenahme von gesetzesartigen Aussagen[170]
- die mangelnde Bereitschaft zur Revision von Theorien oder Methoden, die sich als fehlerhaft erwiesen haben[171]
- das Vorhandensein von ausschließlich negativer Forschungsbereitschaft
- das Ignorieren von alternativen Erklärungen und empirischen Daten[172]
- das Vorhandensein von mangelnder Kommunikationsbereitschaft und unkollegialem Verhalten[173].

---

168 Siehe Abschnitte 3.3.3. und 3.4.4.

169 Vgl. Gruenberger (1962); Langmuir (1989); Derkson (1993), Thagard (1978); MacRobert (1982); Radner / Radner (1982); Ruse (1982); Bunde (1982); Kitcher (1982), (2001), (2007), (2008); Grove (1985); Hines (2003) und Hansson (2008).

170 Vgl. Gruenberger (1962); Ruse (1982); Kitcher (2001), (2007), (2008) und Clark / Stalker (1990).

171 Vgl. Gruenberger (1962); Thagard (1978); MacRobert (1982); Radner / Radner (1982); Bunge (1982); Grove (1985); Derkson (1993); Kitcher (2001), (2007), (2008) und Hines (2003).

172 Vgl. Gruenberger (1962); Ruse (1982); Kitcher (1982), (2001), (2007), (2008) und Derkson (1993).

173 Vgl. Gruenberger (1962); Ruse (1982); MacRobert (1982); Ruse (1982); Grove (1985); Clark / Stalker (1990); Derkson (1993).

Vor dem Hintergrund der dargestellten Typisierung von wissenschaftsinternen Normen und Bewertungskriterien von D können wir bereits feststellen, dass die einzelnen Charakteristika beziehungsweise die Normen, denen sie widersprechen, auf verschiedene Bezugsobjekte verweisen. (1) und (2) verweisen auf Theorien oder Methoden, wohingegen sich (3) bis (6) auf individuelles oder kollektives Verhalten beziehen. Offenbar widersprechen diese sechs negativen Charakteristika den epistemischen und nicht-epistemischen Normen, die vor dem Hintergrund der philosophischen Annahmen plausibel sind.

Um das oberste Erkenntnisziel Z der Wissenschaft zu erreichen sind wir an der Selektion derjenigen Vorschläge für Aussagen, Gesetze und Theorien interessiert, deren Wahrheit wahrscheinlich ist. In der Wissenschaftstheorie nimmt deshalb die Frage nach der Möglichkeit der Bestätigung wissenschaftlicher Theorien einen hohen Stellenwert ein. Die von Schurz formulierten methodologischen Merkmale der empirischen Wissenschaften (M_1 bis M_4) beschreiben auf eine grundsätzliche Weise, inwiefern die Bestätigung oder Schwächung in den Forschungsprozess eingebettet ist. Nämlich letztlich in der Weise (M_4), dass die allgemeinen und hypothetischen Sätze, die es zu bestätigen gilt, mit den vorausgesagten potentiellen Beobachtungssätze, die aus jenen folgen, mit den gegenwärtig bekannten aktualen Beobachtungssätzen verglichen werden.[174]

Die meisten Wissenschaftstheoretiker und Wissenschaftler, deren multikriteriellen Ansätze zu Beginn der Untersuchung angesprochen wurden, weisen darauf hin, dass Pseudowissenschaftler Immunisierungsstrategien verwenden, um ihre vorgeblich oder tatsächlich empirisch gehaltvollen Theorien vor Schwächung oder Widerlegung zu schützen.[175] Eines von vielen Beispielen für Immunisierungsstrategien ist das Vorgehen von Vertretern esoterischer Glaubenssysteme, die annehmen, dass Menschen ein nicht näher beschriebenes Kraftfeld – eine Aura oder Seele – besitzen, welches von begabten Medien per Handauflegen erfühlt werden kann. Wird in kontrollierten Experimenten nachgewiesen, dass die angeblich medial begabten Personen nicht dazu in der Lage sind, die bloße Anwesenheit einer Person festzustellen, die sich beispielsweise hinter einem blickdichten Schirm befindet, reagieren die Esoteriker mit der immunisierenden Behauptung, dass das fragliche Phänomen prinzipiell nicht experimentell nachweisbar sei. Das Kraftfeld habe eine besondere Beschaffenheit, die bewirke, dass es gänzlich aus dem Bereich der wissenschaftlichen Forschung herausfalle.[176] Weitere Beispiele für diese Methode sind bei Derkson zu finden, der sich mit der

174 Vgl. Schurz (2006), S. 98 f.

175 Schurz (2006), S. 98.

176 Hines (2003), S. 366.

Psychoanalyse von Freud auseinandergesetzt hat, oder bei Hines, der Immunisierungsstrategien im Bereich der Ufologie nachweist.[177]

Tatsächlich ist die Annahme von Hilfshypothesen, die den Kern einer Theorie vor Falsifikation oder Schwächung schützen, eine in der Wissenschaft verbreitete Praxis, weswegen an dieser Stelle anzugeben ist, was die genannten Beispiele vom Postulat noch nicht beobachteter Störfaktoren unterscheidet.[178] Betrachten wir dazu ein klassisches Beispiel: Die Astronomen Urbain Le Verrier und John Couch Adams versuchten 1846 die Bahn des Planeten Uranus zu berechnen und entdeckten, dass dessen beobachtbare Umlaufbahn erheblich von der berechneten Bahn abwich. Sie postulierten daraufhin einen zu diesem Zeitpunkt noch nicht beobachteten Planeten, nämlich Neptun, dessen Gravitationswirkung auf Uranus für die Abweichung von der berechneten Bahn verantwortlich sei.[179] Diese ad-hoc-Hypothese, die als Störfaktor postuliert wurde, konnte unabhängig beobachtetet werden. Die Beobachtung des Planten Neptun durch Johann Gottried Galle wurde daraufhin als ein glänzender Erfolg der Newtonischen Physik gewertet, wie Schurz schreibt.[180] Ohne an dieser Stelle darauf einzugehen, dass Le Verrier später mit dem Postulat des Vulkans als Störfaktor scheiterte, um die Bahnstörung des Merkur – d. h. die Abweichung seiner tatsächlichen Bahn von dem berechneten Umlauf – zu erklären, ist der Unterschied zu den pseudowissenschaftlichen Beispielen offensichtlich. So sind die Postulate, dass die Fossilien von ausgestorbenen Tieren als Prüfung des Glaubens anzusehen seien oder dass nicht näher beschriebene Kraftfelder (Auren) sich prinzipiell einem experimentellen Nachweis entziehen würden, bloße Schutzbehauptungen, die keinen oder nur geringen empirischen Gehalt besitzen. Da im Fall der kreationistischen ad-hoc-Hypothese nicht ersichtlich ist, wie sie überprüft werden sollte, und die esoterische ad-hoc-Hypothese jede Art der empirischen Überprüfung von Vornherein ausschließt, stellen sie Verstöße gegen die epistemologischen Voraussetzungen E_1, E_2 und E_4 dar, die zu Beginn gemacht wurden.

Insbesondere sollten diese Argumentationsstrategien abgelehnt werden, weil sie den empirischen Gehalt einer (mutmaßlich pseudowissenschaftlichen) Theorie im Nachhinein verringern und keine unabhängigen Tests ermöglichen. Diese methodologische Forderung, die dem Gedanken von Imré Lakatos entspringt,

---

177 Vgl. Derkson (1993), S. 26-30. und Hines (2003), S. 249. (Ufologen reagieren beispielsweise auf die Frage, warum die Fotographien von vermeintlichen Außerirdischen oder außerirdischen Flugobjekten oftmals unscharf und verwackelt sind, mit der Feststellung, dass die Außerirdischen eben nicht gesehen werden wollen, weswegen sie ihre Raumschiffe hinter Bergen und Wolken verbergen, sodass keine klaren Aufnahmen möglich sind.)

178 Vgl. Schurz (2006), S. 183 f.

179 Ebenda.

180 Ebenda.

dass Theorien (Forschungsprogramme) progressiv sein sollten, d. h. den empirischen Gehalt möglichst vergrößern sollten, kann nun derart als wissenschaftsinterne Norm formuliert werden:

$K_{e,T,1}$: Wissenschaftliche Theorien dürfen keine stark nicht-falsifizierbaren Annahmen oder Methoden beinhalten, die den empirischen Gehalt der Theorie verringern und lediglich der Immunisierung dienen.

Wir nennen eine angenommene Hypothese H hier »schwach nicht-falsifizierbar«, wenn H in Isolation keine empirischen Konsequenzen hat und »stark nicht-falsifizierbar«, wenn H selbst zusammen mit akzeptiertem Hintergrundwissen keine empirischen Konsequenzen besitzt, an denen sie scheitern kann.

Die nächste wissenschaftsinterne Norm bezieht sich auf die unter anderem von Ruse, Kitcher und Schurz getroffene Feststellung, dass beispielsweise die Vertreter des modernen Kreationismus – im Gegensatz zur modernen Evolutionstheorie – keine gesetzesartigen Aussagen verwenden, um empirische Phänomene in Form von potentiellen Beobachtungssätzen vorauszusagen oder aktuale Beobachtungssätze zu erklären.[181] Dieses Defizit charakterisiert nicht nur den modernen Kreationismus, sondern auch weite Teile der esoterischen Literatur und pseudowissenschaftliche Theorien, die Merkmale von Verschwörungstheorien besitzen. In Letzteren werden oftmals singuläre Behauptungen unvermittelt präsentiert und es wird dem Leser überlassen, sich aus den suggestiv präsentierten Informationen eine eigene Meinung zu bilden. Wir nehmen jedoch an, dass gesetzesartige Aussagen im Sinne der vier methodologischen Merkmale M_1 bis M_4 zumindest in dreierlei Weisen in den Forschungsprozess eingebunden sind. Zunächst insofern mit M_1 die Findung von möglichst allgemeinen und gleichzeitig gehaltvollen Aussagen als Erkenntnisziel bestimmt wird, die nach M_2 der Voraussage und der Erklärung von empirischen Phänomenen dienen. Nur vermittels der in M_3 gemachten Voraussagen, d. h. der Ableitung von neuen und noch unbekannten potentiellen Beobachtungssätzen kann mit M_4 die empirische Überprüfung der allgemeinen und hypothetischen Sätze vorgenommen werden. Entziehen sich Pseudowissenschaftler diesen methodologischen Voraussetzungen, die von Schurz als gemeinsame methodologische Merkmale der empirischen Wissenschaften unter der Voraussetzung von E_1 bis E_5 entwickelt wurden, können sie nicht als Wissenschaft im eigentlichen Sinne begriffen werden.

Dabei sei zugestanden, dass manche wissenschaftlichen Theorien gewisse Zeiträume der Entwicklung durchmachen können, in denen sie praktisch keine oder nur wenige Voraussagen oder Erklärungen ermöglichen. Dies sollte beispielsweise mit Blick auf spekulative Theorien im Bereich der Astrophysik be-

181 Ruse (1982a), S. 271-278 und Schurz (2011a), S. 120.

rücksichtigt werden, wie der Theorie der kosmologischen Vererbung von Lee Smolin, in der es um die grundlegende Frage geht, wie die Feinabstimmung der Naturkonstanten zu erklären sei.[182] An dieser Stelle sei wieder darauf hingewiesen, dass der wissenschaftliche Status nicht alleine von der Erfüllung einer oder weniger Normen abhängt.

Dennoch können wir sinnvollerweise folgende Forderung erheben:

> $K_{e,T,2}$: Wissenschaftliche Theorien sollten die Erklärung von empirischen Phänomenen ermöglichen und dürfen keine bloßen ex-post-Erklärungen verwenden.

Wir müssen an dieser Stelle ausschließen, dass die geforderten Erklärungen bloß ex post sind, weil manche Varianten von Pseudowissenschaften spekulative Hypothesen zur Pseudoerklärung von empirischen Phänomenen verwenden, wobei jene spekulativen Hypothesen keinen erkennbaren Gehalt besitzen und an die bekannten Daten angepasst sind. Zu denken ist hier beispielsweise an die kreationistische Vorstellung, dass ein göttlicher Schöpfer das Universum genau so eingerichtet hätte, wie es die Naturwissenschaften beschreiben. Die Annahme des göttlichen Schöpfers ändert in diesem Fall nichts an der Beschreibung des Universums, denn sie ist bloß ex post an die bekannten Daten angepasst. Solche Pseudoerklärungen entziehen sich einer rationalen Bestätigung, weil sie keine neuen Voraussagen implizieren, die über das bereits bekannte Wissen hinausgehen.[183] Daraus wurde in der wissenschaftstheoretischen Forschung diese Konsequenz gezogen:

> "According to the NP-criterion ("NP" for "novel prediction"), a confirming evidence for a hypothesis H must be a novel prediction of H, i.e. a true empirical consequence of H which was unknown at the point in time when H was introduced or constructed."[184]

Nach diesem NP-Kriterium ist eine zur Erklärung herangezogene Hypothese nur dann bestätigungsfähig, wenn sie neue Voraussagen macht, die zum Zeitpunkt unbekannt waren, als die Hypothese eingeführt wurde. Schurz verweist in diesem Zusammenhang auf Worrall, der gegenüber dem temporalen Voraussagekriterium anmerkt, dass der Zeitpunkt der Kenntnisnahme empirischer Evidenzen für ihren Bestätigungswert bezüglich einer wissenschaftlichen Hypothese unerheblich ist.[185] Relevant ist nach Worrall lediglich, dass die zur Bestätigung herangezogenen empirischen Daten nicht zur Konstruktion der erklärenden Hypothese verwendet wurden:

---

182 Vgl. Smolin (1997) und Schurz (2011a), S. 126 ff.

183 Schurz (2011b), S. 6

184 Zit. Schurz (2011b), S. 6.

185 Schurz (2011b), S. 6.

„According to the UN-criterion [Use-Novelty-Kriterium] an evidence E can only confirm a hypotheses H if E has not been used in the construction of H (in short, if E is ‚use-novel').“[186]

Beide Kriterien – das epistemische Use-Novelty-Kriterium von Worrall und das temporale Voraussagekriterium – schließen die ex-post-Anpassung einer erklärenden Hypothese an die zu erklärenden Daten aus. Wir steigen an dieser Stelle nicht tiefer in die Problematik ein, sondern greifen später lediglich das von Schurz weiterentwickelte Voraussagekriterium auf, um die Designhypothese des ID zu bewerten.[187] Festzuhalten ist, dass wir mit $K_{e,T,2}$ fordern, dass wissenschaftliche Theorien die Erklärung von empirischen Phänomenen ermöglichen und diese Erklärungen nicht bloß ex post (Pseudoerklärungen) sein dürfen, die nicht rational bestätigungsfähig sind.

Die zwei wissenschaftsinternen Normen, von denen bis jetzt gezeigt wurde, dass sie vor dem Hintergrund der philosophischen Annahmen plausibel sind, bezogen sich auf Theorien und Methoden. In D sollen jedoch auch individuelles und kollektives Verhalten sowie die relevanten Aspekte im Entstehungs- und Verwertungszusammenhang kritisch untersucht werden. Deswegen betrachten wir nun wissenschaftsinterne Normen, die sich auf individuelles und kollektives Verhalten beziehen und (eher) epistemischer oder (eher) nicht-epistemischer Natur sind.

In der Wissenschaft ist die Bereitschaft zur Revision ein zentraler Bestandteil der Entwicklung von Theorien und Methoden und bedeutet konkret die Rückwirkung der Ergebnisse des Begründungszusammenhangs auf den Entstehungszusammenhang. Erweisen sich bestimmte Annahmen, Theorien oder Methoden als nicht hinreichende Mittel, um Z zu verwirklichen, was im Begründungszusammenhang untersucht wird, muss die Auswahl dieser Mittel im Entstehungszusammenhang kritisch hinterfragt werden. Im Sinne der erkenntnistheoretischen Annahme E_2, die vom Wissenschaftler eine kritische Einstellung verlang, kann deswegen diese Norm formuliert werden:

$K_{e,V,1}$: Wissenschaftler sollten bereit sein, ihre Theorie und Methoden zu revidieren, falls sich diese als fehlerhaft erwiesen haben (Revisionsbereitschaft).

Die Bedeutung dieser Norm wird von Wissenschaftlern und Pseudowissenschaftlern höchst unterschiedlich wahrgenommen. Pseudowissenschaftler scheinen in Revisionen eher ein massives Versagen des Forschungsprozesses zu sehen und keinen Erfolg, wie es unter Wissenschaftlern üblich ist. In Teil 3 wird sich zeigen, dass Vertreter des modernen Kreationismus dazu neigen, ihre Theorien und die Auswahl ihrer Methoden nur aufgrund von wissenschaftsexternem Druck zu

186 Schurz (2011), S. 7.

187 Siehe Abschnitt 3.2.2.

revidieren. Wissenschaftsinterner Druck, d. h. im Begründungszusammenhang vorgebrachte Argumente gegen bestimmte Hypothesen, womit insbesondere empirische Evidenzen oder alternative Erklärungen gemeint sind, werden zumeist ignoriert. Philip Kitcher zeigt beispielsweise, wobei dies ein Vorgriff auf den dritten Teil der vorliegenden Untersuchung ist, dass im modernen Kreationismus keine signifikante Weiterentwicklung der Theorien zu beobachten ist, die bereits zu Zeiten Darwins widerlegt und konsequent aufgegeben wurden.[188] Kitchers Feststellung ist nicht in erster Linie bedeutend, weil es sich bei bestimmten Varianten des modernen Kreationismus um sog. »tote Wissenschaften« handelt, wie er es beschreibt, sondern weil deren Vertreter ihre Theorien gegen jede rationale Kritik zu verteidigen versuchen, um eine Revision zu vermeiden. Darin kann der Konflikt zwischen dem wissenschaftsexternen Wert der Glaubensfestigkeit und den wissenschaftsinternen Werten gesehen werden, die zu der genannten Norm führen. Hines sieht in der mangelnden Revisionsbereitschaft sogar ein zentrales Charakteristikum des Verhaltens von Pseudowissenschaftlern, welches er insbesondere in den Schriften von Erich von Däniken und Immanuel Velikovsky nachweist.[189]

Neben der Bereitschaft zur Revision der eigenen Theorie und der Auswahl von Methoden im Entstehungszusammenhang ist es noch bemerkenswert, dass sich unter Pseudowissenschaftlern auch ein Mangel an positiver Forschungsbereitschaft – anders ausgedrückt, die Tendenz zu exklusiver Negativkritik – zeigt. Dies ist insbesondere im Fall von Pseudowissenschaften ein charakteristisches Merkmal, deren Vertreter durch ein klares Feindbild, das zumeist in einer etablierten Theorie besteht, geeint sind. So richten die meisten Kreationisten ihre Forschungstätigkeit, falls dieser Begriff überhaupt angebracht ist, ausschließlich auf die Widerlegung der modernen Evolutionstheorie aus. Mit ihrer exklusiven Negativkritik stehen manche Pseudowissenschaften in einer quasi-parasitären Beziehung zu den etablierten Wissenschaften. Es ist ebenfalls ein charakteristisches Merkmal von Pseudotechnologien, wie beispielsweise esoterischer Heilmethoden, die kausalen Mechanismen der Heilung durch Handauflegen oder ähnlicher Praktiken nicht in Form einer positiven Theorie zu erklären. In diesem Zusammenhang zeigt sich auch ein notorischer Widerwille, die fraglichen Phänomene, deren Existenz es zu belegen gilt, experimenteller Prüfung zu unterziehen.

> $K_{e,V,2}$: Wissenschaftler sollten nicht exklusiv an der Widerlegung oder Schwächung einer konkurrierenden Theorie arbeiten, sondern auch versuchen, ihre eigene Theorie zu bestätigen (negative und positive Forschungsbereitschaft).

188 Siehe Abschnitt 3.2.4 und Kitcher (2007), S. 63-144.

189 Hines (1998), S. 310 und 329 f.

Zwei fast unter allen Pseudowissenschaftlern verbreitete Phänomene sind das Ignorieren von empirischen Daten und das Ignorieren von alternativen Erklärungen, die in manchen Fällen erstaunlich nahe liegen und unsere Intuition begründen, pseudowissenschaftliche Theorien prima facie abzulehnen. Weite Teile der Literatur, die sich mit den eklatanten Widersprüchen zwischen pseudowissenschaftlichen Theorien und den Erkenntnissen der empirischen Wissenschaften beschäftigt, sollten vor diesem Hintergrund gelesen werden.

Unter der Berücksichtigung von M_2, M_3 und M_4 erweisen sich diese Praktiken als verhängnisvoll, denn wir sind gerade darauf angewiesen, möglichst viele und möglichst relevante aktuale Beobachtungssätze zu gewinnen, die die Resultate von Beobachtungen, Experimenten oder Messungen wiedergeben. Die voreingenommene Selektion von empirischen Daten, die beispielsweise zur Widerlegung oder Schwächung der eigenen Theorie beitragen würden, oder die systematische Ausblendung von Beobachtungen, Experimenten oder Messungen, die relevante empirische Daten liefern würden, widerspricht somit M_2 und mittelbar auch der Forschungspraxis in M_4.[190]

Vom Ignorieren empirischer Daten, was einen massiven Verstoß gegen die gute wissenschaftliche Praxis bedeutet, ist das Ignorieren alternativer Erklärungen zu unterscheiden, wobei dieses Phänomen selbst unter Wissenschaftlern zu beobachten ist. Diese Praxis muss aus wissenschaftstheoretischer Perspektive kritisiert werden, weil die Selektion von optimalen oder zumindest hinreichenden Methoden im Entstehungszusammenhang des Forschungsprozesses auf die Kenntnis der verfügbaren Erklärungsansätze angewiesen ist, um im Begründungszusammenhang die Rechtfertigung von neuen wissenschaftlichen Hypothesen zu ermöglichen. Werden alternative Erklärungen ignoriert, entsteht ein epistemischer Bias zugunsten der selektierten Erklärungen.[191]

Wir können diese Gedanken als epistemische Normen formulieren, die sich auf das individuelle oder kollektive Verhalten von Wissenschaftlern beziehen:

---

190 Außerdem geht dem Ignorieren von empirischen Daten auch oft das Ignorieren von besonderen wissenschaftsinternen Normen einher, wobei dies nur am Rande zu bemerken ist. Es ist beispielsweise erstaunlich, dass in einer angeblichen Wissenschaft wie dem modernen Kreationismus, der unter dem Etikett des Intelligent Design firmiert, fast keine empirische Forschung betrieben wird. Die fast vollständige Abwesenheit von Laborpraxis und Feldforschung kann nur darauf hindeuten, dass deren Vertreter nicht im Geringsten an der Gewinnung von empirischen Daten interessiert sind. Belege dafür werden angesprochen werden, wenn es um die Publikationspraxis der Intelligent-Design-Bewegung in den Abschnitten 3.2.3 und 3.2.4 geht.

191 Im Abschnitt 3.2.2 wird sich bei der Kritik des negativen Teils des ID zeigen, dass die Vertreter des ID bestimmte evolutionstheoretische Erklärungen ignorieren, um Zweifel an der explanativen Kraft der modernen Evolutionstheorie zu wecken und die Notwendigkeit der Annahme der Designhypothese zu suggerieren.

$K_{e,V,3}$: Wissenschaftler sollten empirische Daten nicht ignorieren.

$K_{e,V,4}$: Wissenschaftler sollten alternative Erklärungen nicht ignorieren.

Zuletzt sei noch eine verhaltensbezogene Norm angesprochen, die eher nicht epistemisch ist, d. h. deren Erfüllung nicht notwendig, aber förderlich für die Verwirklichung von Z ist. Warum auch solche Normen in einem untergeordnetem Sinne berücksichtigt werden sollten, wird später erklärt werden.[192]

Es gibt in der Literatur über Pseudowissenschaften fast in jedem Beitrag einen Abschnitt über Mängel bezüglich der wissenschaftlichen Kommunikation und Kollegialität. Zumeist wird dabei nicht zwischen Kommunikationsbereitschaft und Kollegialität unterschieden. Unter der mangelnden Kommunikationsbereitschaft kann verstanden werden, dass eine Vielzahl von Pseudowissenschaftlern nicht die etablierten Standards der wissenschaftlichen Kommunikation befolgen. Sie schreiben in erster Linie für interessierte Laien, die pseudowissenschaftliche Theorien gegenüber aufgeschlossen sind und diese insbesondere als Projektionsfläche für religiöse, spirituelle oder esoterische Vorstellungen verwenden. Zudem zeigt die Publikationspraxis in Fällen wie revisionistischer Geschichtsforschung, Parapsychologie oder Kreationismus die Tendenz auf, dass Verfahren der Qualitätssicherung umgangen werden. Dies mag nicht verwundern, da die Publikationen von Pseudowissenschaftlern eine ernste Gefahr für den Ruf eines jeden wissenschaftlichen Verlags bedeuten. Ein Beispiel für mangelnde Kollegialität und die damit assoziierten Verwendung von beleidigenden ad-hominem-Argumenten wird besprochen werden, wenn es im Zusammenhang der Kritik des Intelligent Design um den sog. Synthese-Vorfall geht.

$K_{\neg e,V,1}$: Ein Wissenschaftler sollte dazu bereit sein, die etablierten Standards wissenschaftlicher Kommunikation zu befolgen (Kommunikationsbereitschaft und Kollegialität).

Die besondere Problematik, dass sich solche wissenschaftsinternen Normen respektive Bewertungskriterien, die sich auf individuelles oder kollektives Verhalten beziehen, dem Devianz- oder dem Konformitätsargument aussetzen, wurde bereits erwähnt. In der Bewertungsheuristik werden sie deswegen nur in einem nachrangigen Sinne berücksichtigt, wenn sich bei der adäquaten Rekonstruktion und der Erweiterung der adäquaten Rekonstruktion gezeigt hat, dass normdivergentes Verhalten im Zusammenhang einer Pseudowissenschaft weit verbreitet ist.[193]

Dem Leser wird aufgefallen sein, dass bis jetzt keine nicht-epistemischen Werte und Normen angesprochen wurden, die sich auf Theorien oder Methoden beziehen. Dies hat zwei Gründe: Erstens kann diskutiert werden, was im Einzelnen unter (wissenschaftsinternen) nicht-epistemischen Werten und Normen zu

192 Siehe Abschnitt 2.4.3.

193 Siehe Abschnitt 2.5.

verstehen ist, und zweitens ist diese Problematik m. E. für die vorliegende Untersuchung nicht von zentraler Bedeutung. Hinsichtlich einer Vielzahl von wissenschaftsinternen Werten und Normen herrscht ein rationaler Konsens, wenn sie als epistemisch klassifiziert werden. Wir können den wissenschaftlichen Status einer mutmaßlichen Pseudowissenschaft durchaus ermitteln, wenn wir diese Frage ausblenden, wie sich bei der Anwendung von D zeigen wird.[194] Um dennoch ein paar unverfängliche Beispiele zu geben, können an dieser Stelle die Vermeidung von Tierversuchen und die Verwendung von ökonomischen und umweltfreundlichen Experimentaldesigns genannt werden. Schwierigere Fälle sind beispielsweise ontologische oder mathematische Einfachheit, die in der Wissenschaftstheorie hinsichtlich ihres Status als epistemische oder nicht-epistemische Werte diskutiert werden. In dieser Sache wird hier keine Positionierung vorgenommen.

Weitere wissenschaftsinterne Normen, die als Kriterien dienen, sind weiter unten aufgelistet. Zu den Kriterien sei gesagt, dass ihre Nichterfüllung im Einzelnen weder hinreichend noch notwendig für die Identifikation einer Pseudowissenschaft sind, insofern es sich bei der Bewertung des wissenschaftlichen Status einer (mutmaßlichen) Pseudowissenschaft um die Feststellung eines systematischen Defizits handelt. Wie bereits erwähnt, besteht der Bewertungsnutzen in der Feststellung von zwei Sachverhalten: (I.) inwiefern eine bestimmte Pseudowissenschaft systematisch an ihrem vorgeblichen Anliegen scheitert, möglichst wahre und gehaltvolle Aussagen, Gesetze oder Theorien über einen bestimmten Gegenstandsbereich zu finden und (II.) worin die täuschende Eigenschaft einer bestimmten Pseudowissenschaft besteht.

Die Kritik von Pseudowissenschaften unter Zuhilfenahme von Bewertungskriterien, deren Verwendung vor dem Hintergrund der philosophischen Annahmen zu rechtfertigen ist, wie A_2 einfordert, bedarf im Einzelfall eigentlich der Formulierung von spezifischen Kriterienkatalogen. So ist beispielsweise die Ufologie mit ganz anderen Problemen assoziiert als es beim wissenschaftliche Kreationismus der Fall ist. Theorien innerhalb der Ufologie sind mit Verschwörungstheorien[195], der Verwendung von Daten minderer Qualität[196] oder Problemen der Wahrnehmung und Interpretation von Wahrnehmungsdaten[197] assoziiert, wohingegen im wissenschaftlichen Kreationismus, der von einer Literalinterpretation der Genesis ausgeht, eher die Verwendung von Pseudoerklärungen[198], die

194 Siehe Abschnitt 3.
195 Vgl. Hines (2003), S. 285-297.
196 Vgl. Hines (2003), S. 257-267.
197 Vgl. Hines (2003), S. 239243.
198 Schurz (2011a), S. 123.

Falschdarstellung konkurrierender Theorien und wissenschaftlicher Erkenntnisse und die mangelnde Explikation fundamentaler wissenschaftsexterner Wertannahmen[199] zu bemängeln ist. Zuletzt seien deshalb noch eine Reihe von wissenschaftsinternen Normen genannt, die als Bewertungskriterien verwendet werden können. Ihre Nichterfüllung wird zumeist als hinreichendes oder notwendiges Kriterium für Pseudowissenschaften genannt und sie folgen m. E. aus den philosophischen Annahmen.

2.4.2.1 Epistemische Kriterien, die sich auf wissenschaftliche Theorien beziehen ($K_{e,T}$-Kriterien)

$K_{e,T,1}$: Wissenschaftliche Theorien dürfen keine stark nicht-falsifizierbaren Annahmen oder Methoden beinhalten, die den empirischen Gehalt der Theorie verringern und lediglich der Immunisierung dienen. ($K_{e,T,1}$ folgt aus E_2, E_4 und E_5 und dient M_2, bis M_4.)

$K_{e,T,2}$: Wissenschaftliche Theorien sollten die Erklärung von empirischen Phänomenen ermöglichen und dürfen keine bloßen ex-post-Erklärungen verwenden. ($K_{e,T,2}$ folgt aus E_1, E_4 und E_5 und dient M_3 und M_4, weil wissenschaftliche Hypothesen durch die Erklärung von empirischen Phänomenen in Form der erfolgreichen Voraussage von potentiellen Beobachtungssätzen hinsichtlich ihrer Wahrheitsnähe untersucht werden können.)

$K_{e,T,3}$: Wissenschaftliche Theorien sollten die erfolgreiche Voraussage von empirischen Phänomenen ermöglichen. ($K_{e,T,3}$ folgt aus E_1, E_4 und E_5 und dient M_3 und M_4, weil wissenschaftliche Hypothesen durch die Voraussage von empirischen Phänomenen in Form von potentiellen Beobachtungssätzen hinsichtlich ihrer Wahrheitsnähe untersucht werden können und im Fall von neuen Voraussagen neue Anwendungsbereiche der wissenschaftlichen Hypothesen erschlossen werden können.)

$K_{e,T,4}$: Wissenschaftliche Theorien sollten empirisch überprüfbare Konsequenzen besitzen. ($K_{e,T,4}$ folgt aus E_1, E_3 und E_4 und dient M_1, M_2 und M_4, weil sich wissenschaftliche Hypothesen gemäß E_1 auf abgegrenzte Bereiche der Wirklichkeit beziehen und nur anhand des Vergleichs (M_4) von vorausgesagten (potentiellen) Beobachtungssätzen mit gegenwärtig bekannten (aktualen) Beobachtungssätzen auf ihre Wahrheit hin überprüft werden können.)

$K_{e,T,5}$: Wissenschaftliche Theorien sollten in einer möglichst klaren wissenschaftlichen Sprache formuliert sein. ($K_{e,T,5}$ folgt aus E_5 und dient M_1 bis M_4, weil nur unter der Bedingung, dass die Begriffe der wissenschaftlichen Sprache einer wissenschaftlichen Hypothese hinsichtlich ihrer Bedeutung expliziert sind, deren Konsequenzen bestimmt werden können.)

$K_{e,T,n}$: usw.

199 Schurz (2006), S. 39-46.

2.4.2.2 Nicht-epistemische Kriterien, die sich auf wissenschaftliche Theorien beziehen ($K_{\neg e,T}$-Kriterien)

$K_{\neg e,T,1}$: Wissenschaftliche Theorien sollten sich möglichst logisch präziser und quantitativer Methoden bedienen, die dem Forschungsgegenstand angemessen sind. ($K_{\neg e,T,1}$ folgt aus E_5 und dient M_1 und M_2, weil die Verwendung von zumindest hinreichenden und möglichst optimalen Methoden die Möglichkeit einräumt bzw. erhöht, wissenschaftliche Erkenntnis im Sinne von Z zu finden.)

$K_{\neg e,T,2}$: Wissenschaftliche Theorien sollten möglichst wenige Entitäten postulieren (ontologische Sparsamkeit). ($K_{\neg e,T,2}$ folgt aus E_2, E_4 und E_5 und dient M_1 bis M_4, weil die Wahrscheinlichkeit der empirischen Überprüfung einer wissenschaftlichen Hypothese mit der Zahl der von ihr postulierten Entitäten sinkt.)

$K_{\neg e,T,n}$: usw.

2.4.2.3 Epistemische Kriterien, die sich auf das Verhalten von Wissenschaftlern beziehen ($K_{e,V}$-Kriterien)

$K_{e,V,1}$: Wissenschaftler sollten bereit sein, ihre Theorie und Methoden zu revidieren, falls sich diese als fehlerhaft erwiesen haben (Revisionsbereitschaft). ($K_{e,V,1}$ folgt aus E_2 und schließt an M_4 an, weil durch die Revision wissenschaftlicher Hypothesen eine Approximation an die Wahrheit gemäß E_1 zu erwarten ist und geschwächte oder widerlegte wissenschaftliche Hypothesen im Entstehungszusammenhang entfernt werden müssen, um den Forschungsprozess nicht zu behindern.)

$K_{e,V,2}$: Wissenschaftler sollten nicht exklusiv an der Widerlegung oder Schwächung einer konkurrierenden Theorie arbeiten, sondern auch versuchen, ihre eigene Theorie zu bestätigen (negative und positive Forschungsbereitschaft). ($K_{e,V,2}$ folgt aus Z und dient insbesondere M_1, weil der Forschungsprozess von möglichst allgemeinen und gehaltvollen hypothetischen Sätzen abhängig ist, welche die Erklärung von aktualen Beobachtungssätzen und die Voraussage von potentiellen Beobachtungssätzen ermöglichen. Die ersatzlose Aufgabe würde der Revision geschwächter wissenschaftlicher Hypothesen und damit einer Approximation an die Wahrheit im Sinne von E_1 im Wege stehen. Zudem besteht oftmals keine logische Ausschlussrelation zwischen dem epistemischen Status einer Theorie T_1 und dem einer Theorie T_2, weswegen T_2 nicht durch die Schwächung von T_1 bestätigt wird.)

$K_{e,V,3}$: Wissenschaftler sollten empirische Daten nicht ignorieren. ($K_{e,V,3}$ folgt aus E_1 bis E_4 und dient insbesondere M_1 und M_2, weil möglichst viele und möglichst relevante aktuale Beobachtungssätze berücksichtigt werden sollten, um die möglichst allgemeinen und gehaltvollen hypothetischen Sätze zu formulieren und zu überprüfen. Dabei würde eine selektive Auswahl der empirischen Daten sowohl die Formulierung von wissenschaftlichen Hypothesen wie auch deren empirische Überprüfung erschweren. (s.o.))

$K_{e,V,4}$: Wissenschaftler sollten alternative Erklärungen nicht ignorieren. ($K_{e,V,4}$ folgt aus E_2 bis E_4 und dient insbesondere dem Vergleich der explanativen Funktion von Theorien, der an M_4 anschließt. (s.o.))

$K_{e,V,5}$: Wissenschaftler sollten bereit sein, ihre Theorien und Annahmen einer kritischen Prüfung zu unterziehen (Bereitschaft zur Prüfung). ($K_{e,V,5}$ folgt aus E_2 bis E_4 und macht die Annahme von M_1 bis M_4 plausibel, weil nur durch die kritische Prüfung und gegebenenfalls die anschließende Revision der Theorien und Annahmen eine Annäherung an die Wahrheit gemäß E_1 zu erwarten ist.)

$K_{e,V,6}$: Wissenschaftler sollten eine nichtautoritäre Haltung einnehmen, d. h. beispielsweise keine Autoritätsargumente vorbringen oder keine Initiationsriten verwenden, um interne Kritiker zum Schweigen zu bringen. $K_{e,V,6}$ folgt aus E_2 und E_3 und dient insbesondere M_1 und M_2, weil der soziale Status eines Wissenschaftlers den epistemischen Status einer von ihm geäußerten Theorie oder Annahme nicht determiniert und Initiationsriten die Tendenz der Forschergemeinschaft mindern, von ihnen vertretene Theorien oder Annahmen einer kritischen Prüfung zu unterziehen beziehungsweise Revisionen vorzunehmen.)

$K_{e,V,7}$: Wissenschaftler sollten die im Entstehungszusammenhang selektierten Methoden rechtfertigen. ($K_{e,V,7}$ folgt aus E_2, E_4 und E_5 und dient insbesondere M_2, weil die Entstehungszusammenhang selektierten Methoden zur Gewinnung von aktualen Beobachtungsdaten im Sinne von M_2 auf die Verwendung von zumindest hinreichenden und möglichst optimalen Methoden angewiesen ist. Die Rechtfertigung dieser Methoden hinsichtlich ihrer Funktion, wissenschaftliche Erkenntnis zu generieren, dient der Vermeidung von nicht hinreichenden oder suboptimalen Methoden.)

$K_{e,V,n}$: usw.

2.4.2.4 Nicht-epistemische Kriterien, die sich auf das Verhalten von Wissenschaftlern beziehen ($K_{\neg e,V}$-Kriterien)

$K_{\neg e,V,1}$: Ein Wissenschaftler sollte dazu bereit sein, die etablierten Standards wissenschaftlicher Kommunikation zu befolgen (Kommunikationsfähigkeit und Kollegialität). ($K_{\neg e,V,1}$ folgt aus E_2 sowie W und dient der kritischen Prüfung durch unabhängige Fachkollegen ($K_{e,V,6}$). Außerdem ist es eine Notwendigkeit der voranschreitenden Spezialisierung der wissenschaftlichen Disziplinen, dass der Forschungsprozess in Form epistemischer Arbeitsteilung vollzogen wird. Die Verwendung von etablierten Kommunikationsmitteln dient vor diesem Hintergrund der Vernetzung von Forschungsprozessen und der Bekanntmachung von wissenschaftlichen Erkenntnissen.)

$K_{\neg e,V,2}$: Wissenschaftler sollten im Entstehungs- und Verwertungszusammenhang fundamentale wissenschaftsexterne Wertannahmen explizit benennen. ($K_{\neg e,V,2}$ folgt aus W sowie E_3 und dient der Wahrung der Objektivität wissenschaftlicher Erkenntnis im Sinne von E_3, weil die Entscheidung für oder wider die Realisierung bestimmter wissenschaftsexterner Werte keiner wissenschaftlichen Rechtfertigung zugänglich ist.)

$K_{\neg e,V,n}$: usw.

Fassen wir an dieser Stelle die wesentlichen Eigenschaften kurz zusammen, die D hinsichtlich der verwendeten Bewertungskriterien besitzt: D ist ein Multikriterienansatz, der epistemische und nicht-epistemische Kriterien verwendet, die auf verschiedene Bezugsobjekte verweisen, nämlich auf (i) individuelles oder kollektives Verhalten und (ii) Theorien oder Methoden. An welcher Stelle diese Kriterien im Bewertungsvorgang berücksichtigt werden, wird später im Zusammenhang der Bewertungsheuristik besprochen werden, wenn es um die Gewichtung der Kriterien geht.[200]

Da die untersuchungsleitende Frage F in der Forschungsliteratur im Wesentlichen als die Frage nach einem Kriterium oder mehreren Kriterien der Demarkation interpretiert wird, und nicht wie in der vorliegenden Untersuchung als die Frage nach der Methode der Bewertung, geht es in den folgenden Abschnitten um Bewertungskriterien im Zusammenhang des (extern-normativen) Demarkationsproblems. Dazu wenden wir uns zunächst der Frage zu, welchen Vorteil ein solcher Multikriterienansatz gegenüber einem monokriteriellen Ansatz besitzt.

2.4.3 Monismus oder Pluralismus der Bewertungskriterien?

Warm sollten wir D verfolgen, um den wissenschaftlichen Status einer mutmaßlichen Pseudowissenschaft zu bestimmen? Sollten wird nicht eher nach notwendigen und hinreichenden Kriterien für Pseudowissenschaften suchen und möglichst wenige dieser Kriterien angeben? Betrachten wir, um diese Frage zu beantworten und die Strategie von D zu plausibilisieren, das Kriterium der schwachen Falsifizierbarkeit, wonach starke Nicht-Falsifizierbarkeit ausgeschlossen wird, welches aus guten Gründen von einer Vielzahl von Wissenschaftstheoretikern in der einen oder anderen Form als Demarkationskriterium herangezogen wird.[201] Wir werden dazu die Einwände gegen das Kriterium der Falsifizierbarkeit als eine hinreichende und notwendige Bedingung für das Vorliegen von Wissenschaft vom schwächsten bis zum stärksten Argument durchgehen und uns danach der generellen Fragen zuwenden, ob ein Monismus oder ein Pluralismus der Bewertungskriterien – wie er in einer bestimmten Variante in D vertreten wird – zielführender ist, um F zu beantworten.

Das Kriterium der schwachen Falsifizierbarkeit wurde bereits angesprochen, als die monokriteriellen Ansätze dargestellt wurden. Gegenwärtig nimmt es in vielen multikriteriellen Ansätzen der Demarkation und in der Diskussion des Demarkationsproblems eine zentrale Stellung ein. In der ein oder anderen Form wird als ein charakteristisches Merkmal von Pseudowissenschaften genannt, gegen die Forderung der Falsifizierbarkeit von wissenschaftlichen Theorien zu verstoßen. Diese Forderung ist auf der Ebene der Kritik pseudowissenschaftlicher Theorien insofern von Bedeutung, als dass (i) nicht falsifizierbare Annah-

---

200 Siehe Abschnitt 2.5.

201 In D wird dieses Kriterium insofern berücksichtigt, als dass mit $K_{e,T,2}$ und $K_{e,T,3}$ gefordert wird, dass wissenschaftliche Theorien empirische Konsequenzen besitzen, anhand derer sie im Sinne von M_4 überprüfbar sind.

men und (ii) eingebaute Methoden zur Immunisierung bemängelt werden. Auf der Ebene der Kritik des individuellen oder kollektiven Verhaltens von Pseudowissenschaftlern zeigt sie sich insbesondere darin, dass Pseudowissenschaftler für (iii) den Mangel an Testbereitschaft, (iv) das Ignorieren von widersprechenden Daten und (v) die Verwendung verschiedener Immunisierungsstrategien kritisiert werden. Im weitesten Sinne sind diese Kritikpunkte als Verstöße gegen eine Vielzahl von Normen zu begreifen, die sich vor dem Hintergrund der philosophischen Annahmen E_2 und E_4 ergeben. In Form solcher wissenschaftsinternen Normen wird die Forderung der Falsifizierbarkeit in vielfältiger Weise in D berücksichtigt. Im Folgenden geht es erstens um Falsifizierbarkeit im engeren Sinne, also um die Forderung an wissenschaftliche Theorien, empirische Konsequenzen zu besitzen, anhand derer sie überprüft werden können, und zweitens um die Frage, ob die Nichterfüllung dieser Forderung als ein hinreichendes oder notwendiges Kriterium für Pseudowissenschaft dienen kann.

Gegen die Möglichkeit der expliziten Definition von Pseudowissenschaft, wie sie in einer strengen Auslegung des kritischen Rationalismus von Popper nahegelegt wird[202], sprechen triftige Gründe. Zunächst rufen wir uns aber einen sprachphilosophischen Grund in Erinnerung, der bereits angesprochen wurde. Vom Wissenschaftsbegriff, der vermittels der wissenschaftstheoretischen Überlegungen von Schurz (E_1 bis E_5, M_1 bis M_4, Z und W) expliziert wurde, wurden zu Beginn dieser Untersuchung drei Antonyme unterschieden (Unwissenschaft, Pseudowissenschaft und Nichtwissenschaft). Zumindest vor dem Hintergrund dieser terminologischen Voraussetzungen scheint es nicht zielführend, einen monokriteriellen Ansatz zu vertreten, der aufgrund der Verwendung von lediglich einem Demarkationskriterium die verschiedenen Bedeutungskonnotationen der Wissenschaftsantonyme nicht zu differenzieren vermag. Da es beispielsweise in nichtwissenschaftlichen Bereichen menschlicher Tätigkeit nicht um Erkenntnisgewinn im Sinne von Z geht, wäre das Kriterium der Falsifizierbarkeit auch der Sache nach nicht angemessen. Hinzu kommt, dass wir die Prädikate »wissenschaftlich« und »pseudowissenschaftlich« für verschiedene Bezugsobjekte zulassen. So mag es im Fall von Theorien, die offenbar als »wissenschaftlich« oder »pseudowissenschaftlich« bezeichnet werden können, noch plausibel erscheinen, dieses Kriterium zu verwenden. Damit wäre aber noch nicht hinreichend geklärt, warum wir ebenso von »pseudowissenschaftlichen Methoden«, »pseudowissenschaftlichen Fragen«, »pseudowissenschaftlicher Terminologie« oder dergleichen sprechen können.[203] Es bedarf einiger Begründung, warum für diese unter-

202 Hansson (2008), Abschnitt 4.2.

203 Vgl. Hansson (2008), Abschnitt 3.4. Hansson listet in diesem Sinne verschiedene Objekte der Demarkation, hier verstanden als Bezugsobjekte des Prädikats »pseudowissenschaftlich« auf.

schiedlichen Verwendungsweisen das genannte Kriterium einen Ausgangspunkt darstellt, um deren Pseudowissenschaftlichkeit zu begründen. Zudem scheint es fraglich, ob Wissenschaft insgesamt durch die isolierte Betrachtung von Theorien im Begründungszusammenhang genüge getan wäre, weswegen in D sowohl Theorien und Methoden, als auch individuelles und kollektives Verhalten untersucht werden, wenn es um den wissenschaftlichen Status einer mutmaßlichen Pseudowissenschaft geht.

Es gibt zudem auf einer inhaltlichen Eben gute Gründe, die sowohl gegen die monokriterielle Anwendung des Kriteriums der Falsifizierbarkeit zur Definition von Pseudowissenschaft sprechen, als auch gegen dessen Anwendung im Zusammenhang einer insgesamt hinreichenden Konjunktion von notwendigen Bedingungen, wie sie in einem multikriteriellen Ansatz vorkommen könnte. Im Folgenden unterscheiden wir deswegen:

(I) monokriterielle Ansätzen der Demarkation, die ein hinreichendes Kriterium verwenden
(II) multikriterielle Ansätze der Demarkation, die eine Liste von jeweils hinreichenden Kriterien verwenden
(III) multikriterielle Ansätze der Demarkation, die eine hinreichende Konjunktion von notwendigen Kriterien verwenden
(IV) multikriterielle Ansätzen der Demarkation, die eine Vielzahl von Kriterien verwenden, die weder notwendig noch hinreichend sind

Zu entscheiden ist nun, ob wir Falsifizierbarkeit im Form der Ansätze (I) bis (III) anwenden sollten. Andere Kriterien der Demarkation, die neben dem Kriterium der Falsifizierbarkeit denkbar sind, nach diesem Muster durchzugehen, wird an dieser Stelle ausgelassen. Die Entwicklung der Diskussion des Demarkationsproblems lehrt jedoch, dass die Widerlegung von Explizitdefinitionen des Begriffs der Pseudowissenschaft im Wesentlichen durch den Nachweis geschieht, inwiefern jeweilige Definitionen den zu definierenden Begriff zu weit oder zu eng fassen.

Die Nichterfüllung des Kriteriums der Falsifizierbarkeit ist sowohl zu weit als auch zu eng, um das Demarkationsproblem zu lösen, beziehungsweise um als Kriterium der Definition des Begriffs der Pseudowissenschaft zu dienen.[204] Wie Rothbart und andere feststellen, sind viele Pseudowissenschaften falsifizierbar und sogar de facto falsifiziert. Wir bedienen uns an dieser Stelle einem naiven Begriff von falsifiziert: Damit sei nur gemeint, dass in Anbetracht einer überwältigenden Vielzahl von empirischen Evidenzen, die gegen eine bestimmte pseudowissenschaftliche Theorie sprechen, diese als falsch angesehen wird. So wird der

204 Hansson (2008), Abschnitt 4.2; Gruenberger (1962), S. 2.; Rothbart (1990), S. 111 f.

wissenschaftliche Kreationismus als falsch angesehen, insofern dessen Exponenten beispielsweise die Hypothese vertreten, dass die Welt 6000 bis 10000 Jahre alt ist, was im Widerspruch zu den gesicherten Erkenntnissen der Geologie und Astrophysik steht.[205]

Das Kriterium der Falsifizierbarkeit ist zu eng, weil es logisch gesehen keine Musterbeispiele für Pseudowissenschaften erfasst, die falsifizierbare Konsequenzen besitzen. Gleichzeitig ist es zu weit, weil wir damit wissenschaftliche Theorien, die im positiven Sinne spekulativer Natur sind und noch keine erkennbaren empirischen Konsequenzen besitzen, als pseudowissenschaftlich abtun müssten. So müssten wir beispielsweise innerhalb der theoretischen Physik die Stringtheorie kritisieren, deren experimentelle Überprüfbarkeit noch nicht gegeben ist. Neben diesen Gründen, die gegen die Verwendung des Kriteriums der Falsifizierbarkeit beziehungsweise der Nichterfüllung dieses Kriteriums im Sinne der Ansätze (I) bis (III) sprechen, gibt es noch weitere Gründe, die erkennen lassen, dass monokriterielle Ansätze und die ersten beiden multikriteriellen Ansätze nicht zielführend sind, wenn wir die untersuchungsleitende Frage F in der besagten Interpretation beantworten wollen. So sind wir bei der Bewertung des wissenschaftlichen Status einer mutmaßlichen Pseudowissenschaft im Wesentlichen mit einem systematischen Defizit konfrontiert, welches nicht durch bestimmte Charakteristika in Form notwendiger Kriterien beschreibbar ist. Zumal der Aspekt der Täuschung durch Pseudowissenschaftler oder pseudowissenschaftliche Theorien der im Präfix »pseudo-« angelegt ist, an dieser Stelle überhaupt nicht zur Sprache kommt. Unter der Berücksichtigung dieser Argumente sind wir in D darauf bedacht, mit Kriterien im Sinne von (IV) umzugehen, die auf die Diagnose eines systematischen Defizits abzielen. Dass es sich bei der Bewertung des wissenschaftlichen Status unter Zuhilfenahme der aus den philosophischen Annahmen gewonnenen wissenschaftsinternen Normen, die als Kriterien dienen, um eine zweifach graduelle Sache handelt, entspricht der funktionalen Anforderung A_1, die Abgrenzung von Wissenschaft und Pseudowissenschaft im Einzelfall zu ermöglichen.[206] Der beste Weg dies zu erreichen ist m. E. die Verwendung einer Vielzahl von Bewertungskriterien und die Zulassung von Grauschattierungen im Bewertungsvorgang, die dem Gedanken geschuldet sind, dass eine erdrückende Vielzahl von Defiziten einer mutmaßlichen Pseudowissenschaft, zumeist hinreichende Gründe für ein klares Urteil liefern.

205 Schurz (2011a), S. 77 f.

206 Siehe Abschnitt 1.3.

„For every criterion that is advanced one can quickly think of a counter example. Every idea that is offered to us falls somewhere between the two extremes [between crackpot work and good science].“[207]

D, als ein Multikriterienansatz im Sinne von (IV) wird später durch eine Bewertungsheuristik in eine endgültige Form gebracht werden. Diese ist ihrerseits für eine Revisionen offen, falls Musterbeispiele für Wissenschaft nicht als (eher) wissenschaftlich und Musterbeispiele für Pseudowissenschaft nicht als (eher) pseudowissenschaftlich bewertet werden.

Vor dem Entwurf der Bewertungsheuristik, sollten wir noch zwei Fragen beantworten, um den Nutzen einer Vielfalt von Bewertungskriterien zu erklären. Insbesondere muss gezeigt werden, dass die Berücksichtigung von verschiedenen Kriterientypen optimal ist, um das gesteckte Ziel der Bewertung des wissenschaftlichen Status einer mutmaßlichen Pseudowissenschaft zu erreichen:

i. Warum werden in D nicht nur epistemische, sondern auch nicht-epistemische Bewertungskriterien verwendet?
ii. Warum werden in D nicht nur theorie- und methodenbezogene Kriterien, sondern auch verhaltensbezogene Kriterien verwendet?

Erinnern wir uns zur Beantwortung dieser Fragen daran, auf was die funktionale Anforderung A_1 genau abzielte. Diese erste Anforderung besagt, dass D die Abgrenzung von Wissenschaft und Pseudowissenschaft in Einzelfällen ermöglichen muss, und diese Funktion wurde konkret als die Bewertung des wissenschaftlichen Status einer mutmaßlichen Pseudowissenschaft bestimmt. Vor dem Hintergrund der axiologischen Annahme Z können wir den Nutzen der Bewertung derart angeben:

Der Nutzen der Bewertung einer adäquaten Rekonstruktion einer mutmaßlichen Pseudowissenschaft besteht in dem Nachweis, in welchem Umfang auf (i) die Verwendung von nicht hinreichenden oder nicht optimalen Mitteln zur Realisierung von Z und (ii) eine Täuschungsabsicht geschlossen werden kann.[208]

Dafür ziehen wir eine Vielzahl von Kriterien unterschiedlichen Typs heran, die auf wissenschaftsinternen Normen gründen, die letztlich auf wissenschaftsinterne Werte zurückgehen. Nun lässt sich mit einiger Berechtigung fragen, ob diese Praxis geeignet ist, den Zweck der Bewertung zu erreichen.

Warum werden in D nicht nur epistemische, sondern auch nicht-epistemische Bewertungskriterien verwendet? In D wird die Frage nach dem wissenschaftli-

---

207 Zit. Gruenberger (1962), S. 2. Gruenbergers Ansatz ist nach der hier vorgeschlagenen Unterscheidung ein multikriterieller Ansatz im Sinne von II, der durchaus die Charakteristika eines gradualistischen Ansatzes der Bewertung des wissenschaftlichen Status im Sinne von IV aufweist.

208 Siehe Abschnitt 2.2.

chen Status einer mutmaßlichen Pseudowissenschaft nicht mit der Frage nach dem epistemischen Status identifiziert, d. h. wir lehnen nach einer sorgfältigen Prüfung eine Pseudowissenschaft nicht nur deswegen ab, weil sie schlecht bestätigt ist, sondern weil sie gegen eine Vielzahl von wissenschaftsinternen Normen verstößt und sich damit umfassend in methodologischer Hinsicht als Wissenschaft disqualifiziert. Um den wissenschaftlichen Status einer mutmaßlichen Pseudowissenschaft in einem solchen umfassenden Sinne zu bewerten und damit die Gründe zu offenbaren, die gegen die Typisierung – oder sagen wir an dieser Stelle sinngemäßer »Qualifizierung« – einer Theorie als wissenschaftlich sprechen, benötigen wir epistemische und nicht-epistemische Kriterien, wie sie zuvor angesprochen wurden.

Für diese Sichtweise, die den epistemischen Status einer mutmaßlichen Pseudowissenschaft nicht mit ihrem wissenschaftlichen Status identifiziert, spricht in erster Linie die mangelnde Unterscheidungsfunktion, die aus der exklusiven Verwendung von epistemischen Kriterien resultieren würde. Das Beispiel des modernen Kreationismus in Form des Intelligent Designs wird später als ein Beleg dafür dienen, dass die bloße Betrachtung des Grades der Bestätigung einer Theorie in manchen Fällen unzureichend ist, um eine begründete Antwort hinsichtlich der Frage, ob es sich um eine wissenschaftliche oder pseudowissenschaftliche Theorie handelt, zu geben. In zweiter Linie spricht für die gleichzeitige Verwendung von epistemischen und nicht-epistemische Kriterien, dass wir eine Reihe von Randphänomenen nicht angemessen erfassen würden, die relevant für die angemessene Bewertung der kritikfähige Pseudowissenschaften sind. So wäre es aus einer rein epistemologischen Perspektive, die beispielsweise nur nach dem Grad der Bestätigung der Astrologie fragt, unerheblich, dass deren Anhänger primär lebensweltliche Probleme adressieren und besonders bei denjenigen Menschen Gehör finde, die esoterischen Weltbildern zugeneigt sind. In manchen Fällen würden wir sogar eine grobe Fehlinterpretation riskieren, wenn wir eine Pseudowissenschaft unabhängig von ihrem ideologischen Hintergrund betrachten würden.

Die Verwendung von epistemischen und nicht-epistemischen Bewertungskriterien in D spricht im Übrigen nicht gegen die Auffassung, dass die Frage nach dem epistemischen Status einer adäquaten Rekonstruktion einer (mutmaßlichen) Pseudowissenschaft in D von zentraler Bedeutung ist und den rationalen Kern der Kritik ausmacht. Es bedarf allerdings mehr als des Nachweises, dass eine bestimmte Theorie schlecht bestätigt oder widerlegt ist, um sie als pseudowissenschaftlich zu bewerten.

Warum werden in D nicht nur theorien- und methodenbezogene Kriterien, sondern auch verhaltensbezogene Kriterien verwendet? Ein entscheidender Grund für die Verwendung von beiden Kriterientypen wurde bereits angesprochen, als es um die Typisierung von wissenschaftsinternen Normen ging. Dabei wurde der Gedanke entwickelt, dass wissenschaftsinterne Normen aus einer holistischen Perspektive betrachtet werden sollten, die analog zum Verständnis des systematischen Defizits von Pseudowissenschaften ist. Ferner wurde auf die Komplementarität wissenschaftsinterner Normen hingewiesen. Würden wir uns – vielleicht mit Blick auf das Devianzargument – lediglich auf eine Kritik der adäquat rekonstruierten Theorie verlassen, würden wir den Pseudowissenschaftler aus dem Blick verlieren. Wir würden nicht mehr hinreichend erfassen, dass es Individuen oder Kollektive sind, die beispielsweise selbst in Anbetracht berechtigter Kritik ihre Ansichten nicht revidieren und damit die Selektion von Theorien und Methoden im Entstehungszusammenhang nicht als einen Vorgang begreifen, der mit dem Begründungszusammenhang korrektiv rückgekoppelt ist.

Hinzu kommt, dass wissenschaftliches Fehlverhalten, welches in der vorliegenden Untersuchung gleichbedeutend mit unwissenschaftlichem Verhalten ist, hauptsächlich über verhaltensbezogene Kriterien definiert beziehungsweise expliziert wird. In den *Grundsätze[n] zur Sicherung guter wissenschaftlicher Praxis der Heinrich-Heine-Universität Düsseldorf vom 27. Juni 2002* heißt es beispielsweise unter § 7 / 1 (a), dass Falschangaben wie das Erfinden von Daten, das Verfälschen von Daten, die unrichtige Angabe von Daten in einem Bewerbungsschreiben bzw. einem Förderantrag Beispiele für wissenschaftliches Fehlverhalten sind.[209]

> „Wissenschaftliches Fehlverhalten liegt vor, wenn in einem wissenschaftserheblichen Zusammenhang vorsätzlich oder grob fahrlässig Falschangaben gemacht werden, geistiges Eigentum anderer verletzt bzw. sonstwie deren Forschungstätigkeit beeinträchtigt wird […].“[210]

Ferner besagt das Positionspapier des Deutschen Hochschulverbands vom 9. Juli 2012:

> „Jedes wissenschaftliche Fehlverhalten verletzt das Selbstverständnis und die Glaubwürdigkeit von Wissenschaft. Wissenschaftliches Fehlverhalten beschädigt nicht nur den Ruf des Täters, sondern auch den der Universitäten und der Wissenschaft insgesamt. Die Unkultur des ‚Wegsehens‘ ist selbst ein wissenschaftliches Fehlverhalten.“[211]

Diese Explikationen können gewinnbringend mit D zusammengebracht werden, insofern der vorliegende Ansatz um die Rechtfertigung wissenschaftsinterner Abgrenzungen erweitert werden kann. Darin kann auch ein Argument gegen die Diskreditierung von verhaltensbezogenen Kriterien im Bewertungsprozess als bloß soziologische Kriterien gesehen werden, insofern $K_{e,V}$- und $K_{\neg e,V}$-Kriterien einer insbesondere epistemologischen Rechtfertigung vor dem Hintergrund von

---

209 HHU (2002), S. 4 f. (§ 7).

210 Zit. HHU (2002), S. 4 f. (§ 7).

211 Zit. Deutscher Hochschulverband (2012), S. 2.

D zugänglich sind. Zudem mag an dieser Stelle wieder auf das Diktum von Schurz verwiesen werden, nachdem sich Wissenschaftstheorie, die praktische Relevanz erlangen will, dem Demarkationsproblem stellen muss. Wir sind zwar in Anbetracht der terminologischen Differenzierungen zu Beginn dieser Untersuchung geneigt, von »den Demarkationsproblemen« zu sprechen, aber dennoch zeigt sich deutlich, dass die wissenschaftsskeptische Ablehnung von Definitionsversuchen für »Pseudowissenschaft« in Anbetracht der Übertragbarkeit der untersuchungsleitenden Frage F auf das interne Demarkationsproblem (wissenschaftliches Verhalten vs. wissenschaftliches Fehlverhalten) an Plausibilität verliert. Dies ist nur eine Randbemerkung, welche die Frage aufwirft, ob Kritiker des Begriffs der Pseudowissenschaft aus dem Binnenbereich der Wissenschaftshistoriographie oder Wissenssoziologie auch bereit wären, einen Begriff des wissenschaftlichen Fehlverhaltens abzulehnen. M. E. kann dies bezweifelt werden. Kommen wir zu den Gründen dafür, auch verhaltensbezogene Kriterien berücksichtigen.

Ein schwerwiegender Grund hat mit dem Bewertungsnutzen zu tun und bringt die beiden Interpretationen des Präfix »pseudo-« in Pseudowissenshaft ins Spiel. Die theorie- und methodenbezogene Interpretation des Präfix »pseudo-« – und damit die exklusive Verwendung von theorie- und methodenbezogenen Kriterien – würde nur unzureichend die vielfältigen Möglichkeiten erfassen, in der sich die täuschende Eigenschaft einer Pseudowissenschaft zeigen kann. Würden wir beispielsweise die Terminologie einer pseudowissenschaftlichen Theorie für die täuschende Wirkung verantwortlich machen und dabei die Person des Pseudowissenschaftlers unberücksichtigt lassen, dann würden wir damit auch den inhärent kommunikativen Akt einer simulierten Fachsprache verkennen.

Intuitiv neigen wir dazu, den spezifischen Charakter der Täuschung einer Pseudowissenschaft eher am individuellen oder kollektiven Verhalten festzumachen und nicht an einer bestimmten Eigenschaft der Theorie. Die Feststellung Kitchers, die vor dem Hintergrund einer ihrerseits kritikwürdigen Abwertung des Begriffs der Pseudowissenschaft vorgeschlagen wird, ist m. E. zutreffend und auch sein Hinweis auf die Schwierigkeiten, die besondere Art der Täuschung zu belegen, kann zustimmend werden.[212] In der vorliegenden Untersuchung wird seinen Überlegungen deswegen in zweierlei Hinsicht Rechnung getragen: einerseits durch eine Bewertungsheuristik, die in zwei rekonstruierenden und zwei kritisierenden Schritten ein systematischen Voranschreiten des Bewertungszusammenhangs ermöglicht, in dem individuelles oder kollektives Verhalten erst an zweiter Stelle berücksichtigt werden, und andererseits durch die Forderung, dass die Rekonstruktionen von T_{krit} und ihre Erweiterung T_{krit+} adäquat sein müssen. Adäquat in dem Sinne, dass die Rekonstruktionen repräsentativ sind und das

---

212 Vgl. Kitcher (2009), S. 142.

Glaubenssystem als ein empirisches Phänomen begreifen. Eine bestimmte Pseudowissenschaft ist demnach immer die geteilte Theorie eines Kollektivs, d. h. von denjenigen, die sich »Kreationisten« oder »Homöopathen« nennen. Im Zusammenhang der Bewertung des wissenschaftlichen Status des Intelligent Design werden wir deshalb der Auffassung begegnen, dass die Vertreter eines anthropischen Prinzips in der Astrophysik nicht unter den Oberbegriff des modernen Kreationismus subsummiert werden sollten, da sie keine repräsentativen Vertreter für die überwältigende Mehrheit dieser im Wesentlichen vom evangelikalen Christentum inaugurierten Pseudowissenschaft sind.

Der übergeordnete Grund für die Berücksichtigung verhaltensbezogener Bewertungskriterien ist, dass der Forschungsprozess selbst ein soziales Phänomen ist, der nicht hinreichend durch die isolierte Betrachtung der Theorien im Begründungszusammenhangs dargestellt wäre. Für diesen Punkt wurde bereits argumentiert, als es um den Bewertungszusammenhang ging.[213]

2.5 Bewertungsheuristik

Vor dem praktischen Teil der vorliegenden Untersuchung benötigen wir noch eine Bewertungsheuristik, die den Bewertungsvorgang anleitet, was A_2 fordert. Sie hat deswegen eine Orientierungsfunktion und ist als ein Zwei-Ebenen-Ansatz mit vier Schritten (H_1 bis H_4) konzipiert:

> H_1: Rekonstruiere unter den Vorgaben von Z, E_1 bis E_5, M_1 bis M_4 und W eine adäquate Formulierung der zu bewertenden Theorie (T_{krit})!
>
> H_2: Bewerte T_{krit} in erster Linie mit $K_{e,T}$-Kriterien und in zweiter Linie mit $K_{\neg e,T}$-Kriterien! Identifiziere täuschende Eigenschaften von T_{krit}!
>
> H_3: Erweitere die rekonstruierte Formulierung um Aspekte des Entstehungs- und des Verwertungszusammenhangs (T_{krit+}) und berücksichtige dabei insbesondere das typische divergente Verhalten der Vertreter von T_{krit}!
>
> H_4: Bewerte T_{krit+} in erster Linie mit $K_{e,V}$-Kriterien und in zweiter Linie mit $K_{\neg e,V}$-Kriterien! Identifiziere täuschende Eigenschaften von T_{krit+}!

H_1 und H_3 zielen je die auf die adäquate Rekonstruktion (T_{krit}) einer (mutmaßlich) pseudowissenschaftlichen Theorie und deren Erweiterung (T_{krit+}) ab. Auf sie folgt jeweils ein normativer Schritt, in dem zunächst die theorie- und methodenbezogenen Kriterien zur Kritik verwendet werden (H_2) und dann die verhaltensbezogenen Kriterien (H_4). Die beiden rekonstruierenden Schritte unterliegen den Vorgaben, welche hinsichtlich der empirischen Bewertungsgrundlage ausgemacht wurden.

---

213 Siehe Abschnitt 2.2.

H_1 dient der Vermeidung von anekdotischer Kritik, die durch das Devianzargument angegriffen werden könnte, und der Etablierung einer gemeinsamen Diskussionsgrundlage. Insofern mit H_2 der epistemische Status und damit auch die Frage nach dem Umfang der Verwendung von nicht hinreichenden und nicht optimalen Mitteln zu Verwirklichung von Z untersucht wird, wird hier der Hauptteil der Kritik an einer mutmaßlichen Pseudowissenschaft geleistet. In H_3 wird die adäquate Rekonstruktion um die Zusammenhänge erweitert, die in einem nachrangigen Sinne berücksichtigt werden sollten, und es wird auch die Grundlage für die Kritik des individuellen und kollektiven Verhaltens von (mutmaßlichen) Pseudowissenschaftlern bereitet. Erst in T_{krit+} soll auch individuelles und kollektives Verhalten berücksichtigt werden, das ebenso wie Theorien und Methoden unter Zuhilfenahme von epistemischen und nicht-epistemischen Normen bewertet werden kann (H_4). Im zweiten normativen Schritt findet auch die Frage einen legitimen Ort, inwiefern die Vertreter einer mutmaßlichen Pseudowissenschaft einen notorischen Mangel an professioneller Integrität zeigen.

Mit dieser Heuristik, die zwei Ebenen der Kritik unterscheidet und verschiedene Bewertungskriterien verwendet, die zuvor systematisch entwickelt und typisierend erfasst wurden, kann ein systematisches Defizit auch auf eine systematische Weise ermittelt werden. H_1 und H_3 werden auch der Auffassung gerecht, dass der Bewertungszusammenhang eine weite Perspektive einfordert, die in erster Linie den Begründungszusammenhang (in H_1) und in zweiter Linie den Entstehungs- und Verwertungszusammenhang (in H_2) bei der Bewertung des wissenschaftlichen Status einer mutmaßlich pseudowissenschaftlichen Theorie in den Blick nimmt.[214] Sowohl in H_2 als auch in H_4 kann die Frage nach der täuschenden Eigenschaft einer mutmaßlichen Pseudowissenschaft gestellt werden, da wir zuvor zwei mögliche Lesarten des Begriffs der Pseudowissenschaft hinsichtlich der Bedeutungsdimension der Täuschung ausgemacht haben. Nämlich einerseits die personenbezogene (verhaltensbezogene) Interpretation, die in D in den Vordergrund gerückt wird, und die theoriebezogene Interpretation. H_1 bis H_4 erfüllen insgesamt die funktionale Anforderung A_2.

Wir lehnen somit eine adäquat rekonstruierte Theorie T_{krit} und ihre Erweiterung T_{krit+} als pseudowissenschaftlich ab, wenn sie eine Vielzahl von Kriterien nicht erfüllen und damit ein systematisches Defizit offenbaren. Dies ist eine zweifach graduelle Bewertung, weil einerseits mehr oder weniger viele Kriterien erfüllt sein können und andererseits manche der Kriterien selbst Grade der Erfüllung zulassen. Wir besitzen nun die Grundzüge von D, die die Frage nach der Möglichkeit der Unterscheidung von Wissenschaft und Pseudowissenschaft im Sinne der untersuchungsleitenden Frage F beantworten soll. Bevor wir zur Revision

214 Siehe Abschnitt 2.2.

einer alternativen Konzeption, die sich kritisch mit den jüngsten Überlegungen von Philip Kitcher auseinandersetzt, und der Anwendung von D kommen, sollte der hier vertretene Ansatz einer sprachlichen Norm unterworfen werden. Sie bezieht sich auf die Formulierung der Dokumentation eines Bewertungsvorgangs und damit auf den Sprachgebrauch bei der Kritik einer mutmaßlichen Pseudowissenschaft. Wir vollziehen also einen inhaltlichen Bruch und gehen von der Bewertungsheuristik von D zur Sprache der Bewertung von D über.

D wird im Folgenden der sprach-ethischen Norm S unterworfen, die aus W gewonnen werden kann, wie im Anschluss belegt werden wird.

> S: Der Bewertungsvorgang soll frei sein von wissenschaftsexternen Werten, die sich insbesondere in einer explizit- oder implizit-pejorativen Wortwahl innerhalb seiner Dokumentation zeigen.[215]

Konkret ist mit dem Bewertungsvorgang die Gesamtheit der Kritik gemeint, die durch die Bewertungsheuristik H_1 bis H_4 in eine systematische Form gebracht wird und ihrerseits zu dokumentieren ist. In D sollen keine weiteren wissenschaftsexternen Werte berücksichtigt werden, denn diesen würden vermittels ihres Widerspruchs zu W die Validität des Bewertungsvorgangs unterminieren. Da die offensichtlichste Form der illegitimen Berücksichtigung wissenschaftsexterner Werte in der Verwendung einer implizit- oder explizit-pejorativen Sprache gesehen werden kann, wird S separat von W formuliert. Man mag denken, dass der Prozess der Bewertung einer mutmaßlichen Pseudowissenschaft nicht dem Risiko ausgesetzt sei, den Verstoß gegen S und damit gegen W zu involvieren, findet doch die Kritik an Pseudowissenschaften unter idealen Bedingungen im Bewusstsein der sprachlichen Verfehlungen statt, die beispielsweise von Gruenberger, MacRobert, Ruse, Grove, Derkson oder Clark und Stalker ausdrücklich kritisiert werden.[216]

Warum wird mit dem Vorschlag von S die Wertneutralitätsforderung W wiederholt hervorgehoben und die Sprache der Bewertung im Sinne einer Selbstbeschränkung der Ausdrucksmöglichkeiten betont? Es bedarf nur weniger Hinweise, beispielsweise auf die Verteidigungsversuche des modernen Kreationismus, um die Notwendigkeit von S als Derivat von W zu erweisen. Ronald Numbers stellt beispielsweise fest, dass pöbelhaftes und moralisierendes Auftreten ein Charakteristikum antievolutionärer Rhetorik ist.[217] Ferner sollte auch berücksichtigt werden, dass der Verlust an sprachlicher Feinheit, der mit einer explizit- oder

---

215 »Soll« ist hier im Sinne von »es ist geboten, dass … « zu lesen, d. h. es ist ein Verbot und nicht nur eine Wertempfehlung gemeint.

216 Gruenberger (1962), MacRobert (1982), Ruse (1982), Grove (1985), Derkson (1993) und Clark / Stalker (1990).

217 Numbers (1982), S. 200.

implizit-pejorativen Wortwahl assoziiert ist, auch im Umfeld der kritischen Beiträge zu einzelnen Pseudowissenschaften zu finden ist.[218] So widmet Ian Hesketh dem berühmten Streit zwischen Thomas Henry Huxley und Samuel Wilberforce, der sich am 30. Juni 1860 im Oxford University Museum ereignete, eine ganze Monographie.[219] Die ausgesprochen emotional geführte Diskussion nahm damals in der lakonischen Frage von Wilberforce ihren Ausgang, ob denn Huxley, der die junge Theorie der Evolution in radikaler Weise vertrat, auf großmütterlicher oder großväterliche Seite vom Affen abstamme. Dass eine solche Entgleisung der Rhetorik, die wohl kaum auf fruchtbaren Widerhall bei den übrigen Diskutanten gestoßen ist, der rationalen Klärung des wissenschaftlichen Status der Evolutionstheorie von Darwin und Wallace nicht zuträglich war, scheint offensichtlich. Nach der Etablierung der Evolutionstheorie verschob sich zwar der Konflikt zwischen den Vertretern der Evolutionstheorie und des Kreationismus, die jeweiligen Theorien machten zudem ihrerseits einen steten Wandel durch, aber der Ballast sprachlicher Entgleisungen erschwert die rationale Diskussion noch immer. So ist die unter neuen Vorzeichen geführte Diskussion zwischen den Vertretern des modernen Kreationismus und der synthetischen Evolutionstheorie besonders in wissenschaftsexternen Diskursen nicht davor gefeit, kreationistische Argumente unter den Vorzeichen des allgemeineren Konflikts der extremen Gegenpositionen des neuen Atheismus und christlichen Fundamentalismus zu diskutieren.[220] Dies lädt in einem erheblichen Maße dazu ein, wissenschaftsexterne Werte in Begründungszusammenhängen zu diskutieren, und verkennt die vielen Grauschattierung der Religiosität zwischen einer literalen Auslegung der Genesis und einem naturalistischen Weltbild beispielsweise Schurz unterscheidet.[221]

Darüber hinaus ist S deshalb als eigenständig hervorzuhebende Norm zu nennen, weil nicht nur auf Seiten der Pseudowissenschaftler oder ihren Kritikern in eher wissenschaftsexternen Diskursen Verstöße gegen die Standards wissenschaftlicher Kommunikation zu konstatieren sind, sondern auch auf der Metaebene der wissenschaftsphilosophischen Reflexion des Demarkationsproblems. Hier – in einem wissenschaftsinternen Diskurszusammenhang, in dem D als Variante eines bestimmten Typs von Multikriterienansätzen positioniert ist[222] –

---

218 Die Notwendigkeit einer zu S analogen Norm, die sprach-ethischer Natur ist, zeigt sich beispielsweise auch in der Tierethik und insbesondere in der Diskussion um Tierrechte, die höchst emotional geführt wird (Vgl. Regan (2004), S. XXIV. und Wolf (2004), S. 80).

219 Vgl. Hesketh (2009).

220 Vgl. Dawkins (2007), S. 95-100.

221 Schurz (2010), S. 10. und siehe Abschnitt 3.1, 3.2.3, 3.2.4 und 3.3.

222 Siehe Abschnitt 2.4.3 (Multikriterienansatz des Typs IV).

feiert ebenfalls die Sprache, wenn sie nicht rationaler Klärung, sondern der Emotionalisierung und Personalisierung der Diskussion Vorschub leisten.

Die Beispiele für die verführende Wirkung einer nicht zielführenden Emotionalisierung und Personalisierung von Fragen, die in erster Linie die logisch-kognitive Bewertungen von Theorien betreffen, sind vielfältig: In „Winning through Pseudoscience“ beschreiben beispielsweise Glymour und Stalker eine Methode, um eine möglichst gewinnbringende Pseudowissenschaft zu konstruieren. Damit unterstellen sie, dass Gelderwerb und Vermarktungsfähigkeit immer der motivierende Antrieb von Pseudowissenschaftlern seien, und wählen mit ihrer Anleitung zur Konstruktion einer Pseudowissenschaft ein suggestives und moralisierendes literarisches Format.[223] Die damit transportierte Botschaft ist darüber hinaus zu bezweifeln, denn es ist ohne Weiteres denkbar, dass beispielsweise homöopathische Behandlungsmethoden mit bestem Wissen und Gewissen von Medizinern angewendet werden oder Astrologen das ernsthafte Anliegen verfolgen, ihren Kunden zu helfen. Die Unterstellung mag zwar in manchen Fällen der Sache nach begründet sein, aber sie bedarf der Einzelfallprüfung und sollte gegenüber der logisch-kognitiven Bewertung der vertretenen Theorie zurückstehen, wie sie mit H_1 und H_2 in den Vordergrund gerückt wird. Der besagte Artikel leistet wohl eher der Emotionalisierung der Debatte Vorschub, weswegen man ihm kritisch begegnen sollte.

Ebenso fällt der Artikel von Anthony Derkson, der unter dem Titel „The Seven Sins of Pseudo-Science“ steht, durch die normativ aufgeladene Formulierung auf, von den »Sünden« der Pseudowissenschaften zu sprechen.[224] Diese Wortwahl legt nahe, dass es sich hauptsächlich um ein individuelles oder kollektives Vergehen handeln würde, welches bei der (speziellen) extern-normativen Abgrenzungsfrage nach dem wissenschaftlichen Status einer mutmaßlichen Pseudowissenschaft zu bewerten sei. Es wird sich im Fall des modernen Kreationismus zeigen, dass diese Intuition nicht unbedingt ins Leere läuft. Trotzdem soll im praktischen Teil der vorliegenden Untersuchung der entwickelten Bewertungsheuristik gefolgt werden, nach der in erster Linie logisch-kognitive Kriterien innerhalb des Begründungszusammenhanges einer Theorie T_{krit} untersucht werden und dann in zweiter Linie individuelles und kollektives Verhalten (H_4) im Sinne einer breiten Bewertungsgrundlage.[225]

Die negativen Konsequenzen von expliziten oder impliziten Bewertungen, die über die normative Funktion von D hinausgehen, kann nur als eine Belastung

223 Vgl. Glymour / Stalker (1990), S. 92-103.

224 Vgl. Derkson (1993).

225 Ein weiteres Beispiel ist mit dem Beitrag von Fred Gruenberger gegeben, der sich mit der Möglichkeit auseinandersetzt, s. g. »crackpots« zu identifizieren. Vgl. Gruenberger (1962), S. 1.

des Forschungsprozesses angesehen werden. Sie spielen einem trügerischen Gefühl der Plausibilität eines intutiven Urteils über den wissenschaftlichen Status einer Theorie zu, das zumeist fehl am Platze ist. So sind manche Argumente, die im weiteren Sinne als kreationistische Argumente angesehen werden können, beispielsweise die Annahme eines anthropischen Prinzips in der Astrophysik oder der nichtreduzierbaren Komplexität von biologischen Strukturen in der Physiologie und Mikrobiologie, nicht handstreichartig zu widerlegen. Damit ist wohlgemerkt nicht gesagt, dass es nicht möglich sei, sie zu entkräften.

In diesem Abschnitt wurde mit H_1 bis H_4 eine Bewertungsheuristik vorgeschlagen, welche die theoretischen Überlegungen zum Demarkationsproblem in einer anwendungszentrierte Methode bündelt, um den wissenschaftlichen Status einer mutmaßlichen Pseudowissenschaft zu bestimmen. Diese Heuristik wurde dann mit S und respektive mit W einer restriktiven Norm unterworfen, die als ein Plädoyer für eine sprachliche Selbstbeschränkung zu verstehen ist. Zumindest sei diese Norm, auch wenn sie vor dem Hintergrund der dringend benötigten Abgrenzungsfunktion von D selbst ein untergeordnetes Problem betrifft, als ein Hinweis zu verstehen, dass die berechtigte Kritik an einer Pseudowissenschaft nicht dem Zweck geschuldet sein darf, wissenschaftstheoretische oder -ethische Verfehlungen mit gleicher Münze heimzuzahlen.

2.6 Revision des Konzepts der Untoten Wissenschaft

Bevor im praktischen Teil der vorliegenden Untersuchung D angewendet werden kann, um den wissenschaftlichen Status des Intelligent Design (ID) zu bewerten, möchte ich zeigen, inwiefern D eine Verbesserung gegenüber dem Konzept der untoten Wissenschaft darstellt, das ich zuvor bei der Bewertung des wissenschaftlichen Status des ID verwendete.

Meine Bachelorarbeit stand unter dem Titel *Kreationismus und Intelligent Design bei Philip Kitcher*. Darin setzte ich mich insbesondere mit zwei Beiträgen des New Yorker Philosophen auseinander, nämlich *Abusing Science* (1982) und *Living with Darwin* (2009). Deren Beiträge zum Demarkationsproblem sind interessant, weil Kitcher einer der wenigen Wissenschaftstheoretiker ist, die sich mit beiden Varianten des modernen Kreationismus auseinandersetzen, nämlich sowohl mit dem sog. wissenschaftlichen Kreationismus, als auch mit dem Intelligent Design. Hinzu kommt, dass Kitcher seine Auffassung über die Bedeutung des Konzepts der Pseudowissenschaft im Laufe der Zeit geändert hat: In *Abusing Science* vertritt Kitcher einen Degenerationsansatz, nach dem eine wissenschaftliche Theorie dann als eine Pseudowissenschaft zu bewerten ist, wenn sie die Charakteristika einer erfolgreichen Wissenschaft verloren hat. Dies heißt konkret, dass (i.) ihre Randannahmen nicht mehr unabhängig testbar sind (independent testability), (ii.) sie nicht mehr eine Vielzahl von Phänomenen durch die Anwendung weniger Problemlösestrategien erklären kann (unification) und (iii.) nicht mehr fruchtbar für die Entdeckung neuer Phänomene und Methoden der Forschung ist (fecundity).[226] Degeneriert eine Wissenschaft in dem dargestellten Sinne, dann geht sie graduell in eine Pseudowissenschaft über:

> „When does a doctrine fail to be science? If a doctrine fails sufficiently abjectly as a science, then it fails to be a science. Where bad science becomes egregious enough, pseudoscience begins."[227]

In *Living with Darwin* grenzt Kitcher seine Haltung bezüglich des Konzepts der Pseudowissenschaft in kritischer Weise von seinem älteren Beitrag ab. Im Zusammenhang der Kritik des Intelligent entwickelt er einen historisierenden Ansatz, indem er zeigt, dass zentrale Argumente des Intelligent Design auf den Neuerungskreationismus und Antiselektionismus zurückgeführt werden können, die bereits zu Zeiten von Charles Darwin und Russell Wallace aus guten Gründen aus der Wissenschaft ausgeschlossen wurde.[228] Intelligent Design wird in diesem Sinne als obsolet erwiesen und durchaus angemessen als eine »tote Wissenschaft« bezeichnet.[229] Das Konzept der Pseudowissenschaft wird von Kitcher gleichzeitig marginalisiert, wenn er ihm lediglich als Begriff für das täuschende Verhalten von einzelnen Personen – den Exponenten einer Pseudowissenschaft – eine Unterscheidungsfunktion zuspricht.[230] Demgegenüber vertrat ich die Ansicht, dass es sich beim Intelligent Design nicht nur um eine tote Wissenschaft handeln würde, d. h. um eine widerlegte Theorie, die lediglich von historischer Bedeutung ist. Im Einzelnen schlug ich vor, ID als eine untote Wissenschaft zu beschreiben, weil durch das Verdikt Kitchers der notorische Mangel an professioneller Integrität und der wissenschaftsexterne Charakter der Konfliktkonstellation zwischen modernem Kreationismus und moderner Evolutionstheorie aus dem Blick zu geraten drohte. Die Kritik des jüngsten Beitrags von Kitcher mündete letztlich in diesen vier Definitionen:

> „Definition: untote Wissenschaft [uW]: Eine Theorie T_1 ist genau dann eine Theorie einer untoten Wissenschaft, wenn (1) T_1 von der Forschergemeinschaft aus guten Gründen zugunsten einer alternativen Theorie T_2 aufgegeben wurde, (2) gegenwärtig T_1 mehrheitlich nicht in den Institutionen der wissenschaftlichen Forschung vertreten wird und (3) im Zusammenhang von T_1 ein Mangel an professioneller Integrität zu erkennen ist."[231]

---

226 Kitcher (1982), S. 48 f. und vgl. Christian (2011a), S. 65 f.
227 Zit. Kitcher (1982), S. 48 und vgl. Christian (2011a), S. 66.
228 Vgl. Christian (2011a), S. 22-61 und S. 62-70.
229 Vgl. Kitcher (2009), S. 43-94, S. 95-144 (Kritik am Intelligent Design).
230 Kitcher (2009), S. 142.
231 Zit. Christian (2011a), S. 123.

„Definition: professionelle Integrität: Ein Wissenschaftler ist genau dann professionell integer, wenn seine Forschung (1) die Wertneutralitätsforderung erfüllt, (2) allgemeinen wissenschaftlichen Standards entspricht und (3) hinsichtlich historischer, sozialer und methodischer Gesichtspunkte nicht in täuschender Weise auftritt."[232]

„Definition: Wertneutralitätsforderung: Eine wissenschaftliche Theorie T entspricht genau dann der Wertneutralitätsforderung, wenn der Begründungszusammenhang der Theorie T frei von fundamentalen wissenschaftsexternen Wertannahmen ist."[233]

„Definition: allgemeine wissenschaftliche Standards: Allgemeine wissenschaftliche Standards betreffen beispielsweise die Vermeidung von unlauteren Argumentations- oder Diskussionstechniken oder die Vermeidung von Falschdarstellungen von gegnerischen Positionen im Zuge einer redlichen Zitierpraxis."[234]

Diesen Ansatz stellte ich am 10.09.2011 auf der SOPHIA 2011 in Salzburg vor. Neben einigen freudigen Reaktionen, die wohl dem Neologismus der »untoten Wissenschaft« geschuldet waren, wurde dieser Ansatz berechtigterweise kritisiert. Hinzu kommt, dass auch die beiden Prüfer verschiedene Kritikpunkte äußerten, die in der ein oder anderen Form in der vorliegenden Untersuchung aufgenommen wurden. Zunächst werde ich deswegen auf einen Kritikpunkt eingehen, der den Neologismus der »untoten Wissenschaft« und dessen implizit-pejorativen Gehalt betrifft, dann werde ich verschiedene Kritikpunkte besprechen, die eher wissenschaftstheoretischer Natur sind. Wir werden sehen, dass die folgenden Kritikpunkte uW gegenüber D disqualifizieren.

Paul Weingartner und Christoph Kann kritisierten den Neologismus der »untoten Wissenschaft« und merkten unabhängig voneinander an, dass ein solcher Terminus einer besonderen Rechtfertigung bedürfe, da er offenbar pejorativ betont ist. Weingartner bemängelte außerdem, dass diese Wortwahl ganz der Sprache von Ulrich Kutschera entspräche, den ich im Vortrag zitierte. Vor dem Hintergrund von D, der meta-ethischen Annahme W und ihres sprachethischen Derivats S muss dieser Kritik zugestimmt werden, da diese Begriffsbildung der verführerischen Wirkung einer emotionalisierenden und letztlich personalisierenden Sprache anheimfällt.

Schwerer wiegen jedoch verschiedene wissenschaftstheoretische Einwände, die unter anderem von Gerhard Schurz formuliert wurden. Schurz merkte an, dass die Berücksichtigung von wissenschaftshistorischen und -soziologischen Kriterien und insbesondere die Rede von professioneller Integrität besonderer Vorsicht bedarf. Der unbedachte Umgang mit solchen Kategorien könnte den Eindruck erwecken, dass der Entstehungs- und der Begründungszusammenhang verwechselt würden. Diesen Hinweis berücksichtigend wurde in D darauf geach-

---

232 Zit. Christian (2011a), S. 123 f.

233 Zit. Christian (2011a), S. 124 und vgl. Schurz (2006), S. 45.

234 Zit. Christian (2011a), S. 125.

tet, dass der wissenschaftliche Status einer mutmaßlich pseudowissenschaftlichen Theorie nicht mit ihrem soziologischen Status identifiziert wird. Zudem wurden die angesprochenen Kategorien im späteren Teil der Heuristik lokalisiert (H_3 und H_4) und wissenschaftssoziologische (ferner wissenschaftsethische) Gesichtspunkte in Form der wissenschaftsinternen Normen, die sich auf individuelles oder kollektives Verhalten beziehen, isoliert.

Zu diesen Kritikpunkten gesellen sich noch weitere fünf Kritikpunkte, die uW letztendlich gegenüber D disqualifizieren: (1) Das Konzept der untoten Wissenschaft ist zu eng, es erfasst verschiedene Beispiele nicht, die normalerweise als Pseudowissenschaften typisiert werden. Es ist (2) nicht informativ, denn es gibt keine Auskunft darüber, worin das systematische Defizit besteht, was Pseudowissenschaft von Wissenschaft unterscheidet. (3) Es liefert keine konkreten Kriterien im Sinne von wissenschaftsinternen Normen, die zur Bewertung des wissenschaftlichen Status einer Theorie im Einzelfall herangezogenen werden können. Ebenso (4) ist das Konzept der professionellen Integrität bzw. des Mangels an professioneller Integrität inhaltlich unzureichend bestimmt und bedarf darüber hinaus einer genauen Lokalisierung, um die Verwechslung von EZ und BZ auszuschließen und suggestiv zu sein. Zuletzt (5) kann kritisiert werden, dass die philosophischen und terminologischen Voraussetzungen nur unzureichend kenntlich gemacht wurden.

Der erste Einwand ist ein typisches Beispiel für die Problematik, dass ein bestimmter Typus von Multikriterienansätzen, der sich einer insgesamt hinreichenden Konjunktion von notwendigen Merkmalen bedient, an der Typisierung von Musterbeispielen für Wissenschaft oder Pseudowissenschaft scheitert.[235] Beispielsweise kann in uW die Phrenologie nicht erfasst werden, da sie weder in wissenschaftlichen noch in nichtwissenschaftlichen Institutionen etabliert ist, genausowenig kann die Ufologie unter diesen Begriff gefasst werden, da sie nie als eine wissenschaftliche Theorie galt. D umgeht solche Probleme durch die systematische Berücksichtigung einer Vielzahl von Bewertungskriterien.[236]

Der zweite Einwand bemängelt, dass ein klares Verständnis für das Problem, oder traditioneller ausgedrückt »das Wesen von Pseudowissenschaften«, in uW unausgesprochen bleibt. In D werden hingegen die zwei Komponenten des systematischen Defizits als Erkenntnisgegenstand des Bewertungsprozesses explizit angegeben.

Der dritte und der fünfte Einwand werden in D aufgenommen, insofern die Bewertungskriterien ausführlich diskutiert werden, und zwar als wissenschaftsinterne Normen, die letztendlich auf wissenschaftsinterne Werte zurückgehen, die

235 Siehe Abschnitt 2.4.3 (Multikriterienansatz des Typs III).

236 Siehe Abschnitt 2.4.3 (Nutzen des Bewertungsvorgangs).

erkenntnistheoretischer, methodologischer, axiologischer und meta-ethischer Natur sind (E_1 bis E_5, M_1 bis M_4, Z und W). In diesem Zusammenhang wurde es auch möglich, das Konzept der professionellen Integrität inhaltlich zu bestimmen, was den vierten Einwand betrifft, da die auf individuelles oder kollektives Verhalten bezogenen Kriterien in ihrer Gesamtheit charakterisieren, was professionelle Integrität ist.

Mit dieser Revision von uW wird die Formulierung von D beschlossen. Der dritte Teil der vorliegenden Untersuchung ist der praktischen Anwendung von D gewidmet. Es wird zu zeigen sein, ob die funktionale Anforderung A_1 erfüllt wurde. Dazu bestimmen wir unter der Zuhilfenahme von H_1 bis H_4 den wissenschaftlichen Status einer mutmaßlichen Pseudowissenschaft.

3. Der wissenschaftliche Status des Intelligent Design und der Synthese-Vorfall

Im theoretischen Teil wurden unter der Vorgabe von drei funktionalen Anforderungen (A_1 bis A_3) der philosophische Hintergrund (Z, E_1 bis E_5, W, M_1 bis M_4) von D besprochen und dann Bewertungskriterien ($K_{e,V,1\text{-}n}$, $K_{e,T,1\text{-}n}$, $K_{\neg e,V,1\text{-}n}$ und $K_{\neg e,T,1\text{-}n}$) sowie eine Heuristik (H_1 bis H_4 und S) entwickelt. Dieser Ansatz lässt sich nun informell durch sechs Merkmale darstellen, womit wir an dieser Stelle auch die sechs Teilfragen beantworten können, die zuvor aufgeworfen wurden.[237]

Informelle Darstellung von D: D ermöglicht hauptsächlich die systematische Bewertung des wissenschaftlichen Status einer mutmaßlichen Pseudowissenschaft und damit die Beantwortung von speziellen extern-normativen Abgrenzungsfragen.

(a) Der Nutzen der Bewertung einer mutmaßlichen Pseudowissenschaft besteht in dem Nachweis, in welchem Umfang diese (i) die Verwendung von nicht hinreichenden oder nicht optimalen Mitteln zur Realisierung von Z und (ii) eine Täuschungsabsicht involviert. Kann nachgewiesen werden, dass (i) und (ii) in einem erheblichem Umfang gegeben sind, wird vor dem Hintergrund von D davon gesprochen, dass es sich um eine Pseudowissenschaft handelt.

(b) Die Bewertung wird in erster Linie durch die adäquate Rekonstruktion und Kritik des Begründungszusammenhangs vollzogen und in zweiter Linie durch die ergänzende Betrachtung des Entstehungs- und Verwertungszusammenhangs.

(c) D lässt verschiedene Bewertungsgegenstände zu, die als »Pseudowissenschaft« oder »pseudowissenschaftlich« bezeichnet werden können, nämlich in erster Linie diejenigen Dinge, die einen wissenschaftlichen Erkenntnisgehalt im Sinne von Z ausdrücken, und in zweiter Linie diejenigen Mittel, die der Realisierung von Z dienen.

(d) Um eine gemeinsame Diskussions- und Bewertungsgrundlage zu etablieren, basiert der Bewertungsvorgang auf der adäquaten Rekonstruktion einer mutmaßlich pseudowissenschaftlichen Theorie sowie der Erweiterung dieser Rekonstruktion um die relevanten Aspekte des Entstehungs- und Verwertungszusammenhangs.

(e) Die Bewertung des wissenschaftlichen Status einer mutmaßlichen Pseudowissenschaft wird konkret in zwei normativen Schritten jeweils nach der adäquaten Rekonstruktion und ihrer Erweiterung vollzogen. Dabei wird eine Vielzahl von weder hinreichenden noch notwendigen Bewertungskriterien verwendet, die als wissenschaftsinterne epistemische oder nicht-epistemische Normen zu verstehen sind, die letztlich auf wissenschaftsinternen Werten beruhen. Diese Kriterien beziehen sich entweder auf individuelles oder kollektives Verhalten oder auf Theorien und Methoden.

---

237 Siehe Abschnitt 2. (Sechs Teilfragen) .

(f) Dieser Bewertungsvorgang wird im Einzelnen durch die Bewertungsheuristik in eine systematische Form gebracht, die als ein Zwei-Ebenen-Ansatz in vier Schritten vollzogen wird.

Im folgenden praktischen Teil werden wir nun D anwenden und anhand der Bewertung des wissenschaftlichen Status des Intelligent Design und des sog. Synthese-Skandals zeigen, dass die funktionale Anforderung A_1 zumindest in diesen Fällen erfüllt wurde.

3.1 Beispiele für Pseudowissenschaften

Zunächst benötigen wir eine Übersicht, um uns über die vielen Beispiele für Pseudowissenschaften im Klaren zu sein, die mögliche Anwendungsfälle von D sind. Dabei können die folgenden Beispiele auch als Probiersteine für die in A_1 geforderte Abgrenzungsfunktion von D verstanden werden.

Dem Leser wird aufgefallen sein, dass D auch als Versuch begriffen werden kann, innerhalb der Methode der rationalen Rekonstruktion zwischen den Musterbeispielen und Mustergegenbeispielen für Wissenschaft im deskriptiven Korrektiv eine begründete Unterscheidung zu treffen.[238] In der Anwendung von D wird das normative Korrektiv auf die diskutablen Beispiele bezogen. In der Bildung einer Klasse von Musterbeispielen könnten die Vertreter der betreffenden Theorien wohl eine Präjudizierung erkennen. Die »Mustergegenbeispiele« werden hier nur als solche bezeichnet, weil ein umfassender rationaler Konsens über ihren wissenschaftlichen Status herrscht. Hinzu kommt, dass die Vielzahl der Kriterien in D, im Gegensatz zu monokriteriellen oder multikriteriellen Ansätzen mit hinreichenden Bedingungen des Typs (II) oder (III), eine differenzierte und graduelle Bewertung ermöglicht.[239] Mit den vorangegangenen Weichenstellungen (Antworten auf die sechs Teilfragen) und der Betonung, dass mehr oder weniger viele Bewertungskriterien erfüllt sein können und viele der Bewertungskriterien selbst Grade der Erfüllung zulassen, sollte die Sicht befördert werden, dass zwischen den Musterbeispielen und Mustergegenbeispielen für Wissenschaft hinreichend klar unterschieden werden kann. Dies schließt jedoch nicht aus, dass innerhalb der Menge der diskutablen Beispiele Grade der Pseudowissenschaftlichkeit zu konstatieren sind.[240]

238 Siehe Abschnitt 2.1.2 und vgl. Schurz (2006), S. 24.

239 Siehe Abschnitt 2.4.3.

240 Wegweisend und als Orientierungshilfe bei der Erfassung von Pseudowissenschaften ein großer Gewinn ist sicherlich *Pseudoscience and the Paranormal* von Terence Hines (Hines (2003)), der eine Vielzahl von Pseudowissenschaften kritisiert und die psychologischen Grundlagen ihrer Akzeptanz aufdeckt.

Damit ist angedeutet, warum das deskriptive Korrektiv in seiner Gesamtheit Bestand hat. Mit dem Hinweis auf die einschlägige Literatur machen wir an dieser Stelle nur plausibel, dass in den Einzelfällen ein umfassender rationaler Konsens herrscht.[241] Verhältnismäßig wenig kontroverse Beispiele für Pseudowissenschaften in dem dargestellten Sinne sind unter anderem Astrologie, Radiästhesie, Parapsychologie, Ufologie, Präastronautik, Homöopathie, Quantenmystik, Wunderheilung, wissenschaftlicher Kreationismus und Intelligent Design, Geschichtsfälschung und darin insbesondere die Leugnung der historischen Realität des Holocausts (Holocaustleugnung).[242]

Darüber hinaus zeigen sich weitere Probleme, wenn es um die Abgrenzung von Pseudowissenschaft und anderen Wissenschaftsantonymen geht. So sind in den außerordentlich weiten Feldern der Esoterik, des Spiritismus und des Okkultismus, deren terminologische und konzeptuelle Grenzen nur schwer bestimmbar sind, fließende Übergänge zu beobachten.[243] Ob wir den Okkultismus[244], der beispielsweise Lehren von dämonischer Besessenheit, Techniken des Exorzismus, den Glauben an Geister und Poltergeister oder Reinkarnationslehren umfasst, durch D bewerten möchten, sollte im Einzelfall vom Erkenntnisanspruch abhängig gemacht werden, der mit diesen Lehren verbunden wird. Gleiches kann von Lehren im Umfeld des Spiritismus, wie der Anthroposophie oder der Theosophie, oder Verschwörungstheorien gesagt werden, die auch als Kandidaten der Bewertung des wissenschaftlichen Status in den Anwendungsbereich von D fallen. In der vorliegenden Untersuchung wurde außerdem die Frage ausgeblendet, wie mit antijüdischer, antisemitischer oder rassistischer Forschung während des Nationalsozialismus[245] oder mit den diversen Theorien verfahren werden soll, die unter der Ägide marxistischer oder stalinistischer Ideologien in den Staaten der ehemaligen UDSSR standen. Zum Teil wurde darin Ideologie als Wissenschaft verkleidet, um moralische Wertvorstellungen zu objektivieren.[246]

241 Hansson (2008), S. 18 f.; Grove (1985), S. 220.; Bunge (1982), S. 370.; Grim (1990), S. 4.

242 Vgl. beispielsweise zur spekulative Parapsychologie: Hines (2003), S. 43-91.; zur experimentellen Parapsychologie: Hines (2003), S. 113-150., Eberlein (1991, Hg.), S. 109-148. und Grim (1990), S. 183-266; zur Astrologie: Hines (2003), S. 205-234; Eberlein (1991, Hg.), S. 149-186. und Grim (1990, Hg.), S. 15-86; zur Radiästhesie: Eberlein (1991, Hg.), S. 23-70., Betz (1991), Kaufmann (1991) und Löb (1991).

243 Vgl. Bohley (2008), Erdbeer (2008) und Zander (2008), welche die Frage untersuchen, inwiefern Lehren im Umfeld von Esoterik, Spiritismus und Okkultismus als Pseudowissenschaften bezeichnet werden können.

244 Vgl. Hines (2003), S. 91-113.

245 Vgl. Lipphardt (2008), S. 223-250.; Schleiermacher / Schagen (2008), S. 251-279.; Rupnow (2008), S. 279-307.

246 Thiel / Walther (2008), S. 308-342.

Vor dem Hintergrund von D sind dies interessante Forschungsfragen, die an die vorliegende Untersuchung anschließen. Meine Intuition dazu ist, dass D hier ebenfalls angewendet werden kann und die Einführung des Begriffs der »unmoralischen Wissenschaft« beispielsweise durch die Missachtung von wissenschaftsexternen Werten bei der Auswahl von Methoden und Theorien im Entstehungszusammenhang plausibilisiert werden kann, wenn es etwa um die medizinischen Menschenversuche in Konzentrations- und Vernichtungslagern geht. D ist aus diesen Gründen nicht nur auf den Bewertungszusammenhang limitiert und wissenschaftsnormativ ausdifferenziert worden, um genau solche Erweiterungen des Anwendungsbereiches zu ermöglichen.[247]

Aus der breiten Auswahl von möglichen Anwendungsfällen ist die jüngste Variante des Kreationismus, die unter dem Etikett des »Intelligent Design« bekannt ist, ein lohnendes Untersuchungsobjekt. Die Gründe für diese Auswahl liegen darin, dass es sich dabei erstens um eine Theorie handelt, die explizit als Alternative zu einer etablierten Theorie der Naturwissenschaften vorgeschlagen wird, die als Paradigma der Lebenswissenschaften angesehen werden kann. Bewerten wir den wissenschaftlichen Status jener mutmaßlichen Pseudowissenschaft, können wir uns zumindest in manchen Situationen auf dem gesicherten Grund einer etablierten Theorie bewegen und im Bedarfsfall evolutionäre und antievolutionäre Argumente gegeneinander abwägen. Zweitens steht der Intelligent-Design-Kreationismus im Zentrum eines kulturellen Konflikts, der sich insbesondere darin zeigt, dass in einem erheblichen Maße wissenschaftsexterne Wertannahmen in wissenschaftsinterne Diskussionszusammenhänge eingebracht werden.

Aufgrund der thematischen Eingrenzung und des Umfangs der vorliegenden Untersuchung werden wir an dieser Stelle darauf verzichten, den modernen Kreationismus – d. h. den wissenschaftlichen Kreationismus und Intelligent-Design-Kreationismus – als Ausläufer der nichtevolutionären Entwicklungstheorien des Common Sense zu betrachten, die sich in verschiedenen Phasen der wissenschaftsinternen und -externen Opposition zuletzt im evangelikal-fundamentalistischen Christentum etablieren konnten. Stattdessen verweise ich lediglich auf zentrale Quellen, die in einer umfassenderen Untersuchung des Intelligent Designs zu berücksichtigen wären und werde vor dem Durchlauf der Bewertungsheuristik (H_1 bis H_4) im nächsten Abschnitt die Grundzüge des modernen Kreationismus charakterisieren. Es wird sich zeigen, dass die Argumente des Intelligent-Design-Kreationismus, die bei dessen adäquaten Rekonstruktion herausgearbeitet werden, weder zahlreich, noch hinsichtlich ihrer Bewertung von einer umfassenden kultur- und wissenschaftshistorischen Einordnung abhängig sind.

247 Siehe Abschnitte 1.2.3., 2.2. und 2.4.1.

Die Entwicklung des wissenschaftlichen Kreationismus in den USA ist ausführlich durch den Wissenschaftshistoriker Ronald Numbers und die Philosophen Michael Ruse und Barbara Forrest dokumentiert.[248] Über die Entwicklung des modernen Kreationismus (wissenschaftlicher Kreationismus und Intelligent Design) aus dem klassischen Kreationismus (Genesiskreationismus, Neuerungskreationismus und Antiselektionismus) und die weitreichenden Parallelen zwischen historischen und zeitgeschichtlichen Varianten des Kreationismus berichtet beispielsweise Philip Kitcher.[249] Sammelbände, die Artikel der Vertreter beider Seiten berücksichtigen und ein differenziertes Bild der Lage zeichnen, wurden von Ruse unter der Mithilfe von Robert Pennock und William Dembski herausgegeben. Insbesondere in diesen Bänden werden die Diskussionen aufgearbeitet, die an die verschiedenen Gerichtsprozesse um die Gestaltung der Lehrpläne in öffentlichen Schulen in den USA anschlossen.[250] Es gibt zudem eine Vielzahl von Untersuchungen zum modernen Kreationismus, in denen dessen Argumente systematisch widerlegt werden.[251] Wir werden im folgenden Abschnitt, in dem es um die Bewertung des wissenschaftlichen Status des Intelligent-Design-Kreationismus geht, auf diese Untersuchungen zurückkommen.

3.2 Der wissenschaftliche Status des Intelligent Design

Wenden wir nun D an und bewerten den wissenschaftlichen Status des Intelligent-Design-Kreationismus (ID). Dazu folgen wir den vier Schritten der Bewertungsheuristik H_1 bis H_4 und untersuchen, ob eine adäquate Rekonstruktion T_{krit} des ID (T_{ID}) oder ihre Erweiterung T_{krit+} (T_{ID+}) ein systematisches Defizit aufweist. Falls darin ein systematisches Defizit ausgemacht werden kann, d. h. falls ID nicht hinreichende oder nicht optimale Mittel zur Erfüllung von Z verwendet und eine Täuschungsabsicht zu erkennen ist, werden wir seinen wissenschaftlichen Status als pseudowissenschaftlich bewerten.

---

248 Vgl. Numbers (1992); Numbers (1998); Numbers (2006); Forrest / Gross (2004); Forrest (2011); Ruse (1982a); Ruse (1982b), Ruse (1982c); Ruse (1996); Ruse (2003); Ruse 2006) und Ruse (2007).

249 Vgl. Kitcher (2007) / (2009).

250 Vgl. Ruse / Pennock (2009, Hg.) und Ruse / Dembski (2004, Hg.). Ruse (1982a); Overton (1982). Die Ergebnisse von Overton werden kritisch in Ruse (1982b), Laudan (1982), Laudan (1983a) und Laudan (1983b) diskutiert. Expertengutachten, die im Fall des Intelligent Design relevant sind, sind Behe (2005) und Pennock (2005).

251 Vgl. Elsberry / Shallit (2011); Forrest (2011); Kitcher (1982), (1985) und (2007); Dawkins (1986) / (2008); Matzke (2009); Ruse (1982c), (2006) und (2007); Sarkar (2011); Schurz (2011a); Shanks / Green (2011); Sober (2007) und Weber (2011).

In H_1 werden wir uns auf den Begründungszusammenhang beschränken. In H_3 werden wir eine weitere Perspektive einnehmen und auch das individuelle und kollektive Verhalten betrachten, das typischerweise von den Vertretern des ID gezeigt wird. Dieses Vorgehen dient dazu, dem Devianz- und dem Konformitätsargument keine Angriffsfläche zu bieten.[252]

Im Zuge der beiden normativen Schritte H_2 und H_4 wird immer kenntlich gemacht werden müssen, inwiefern die zuvor identifizierten Merkmale gegen wissenschaftsinterne Normen verstoßen, die ihrerseits aus den philosophischen Annahmen gewonnen wurden und als Bewertungskriterien verwendet werden. Die Frage nach der täuschenden Eigenschaft wird in beiden normativen Schritten untersucht werden, um sowohl eine verhaltensbezogene, als auch auch eine theoriebezogene Interpretation des Präfix »pseudo-« im Begriff der »Pseudowissenschaft« einfließen zu lassen.

Um eine gute Übersicht zu gewährleisten, werden wir T_{krit} und T_{krit+} als Tripel notieren, nämlich in dieser Art:

> T_{krit}: ⟨ positiver Gehalt der Theorie: { ... }; Verhältnis zwischen negativem und positivem Gehalt der Theorie ; negativer Gehalt der Theorie: {...} ⟩

und

> T_{krit+}: ⟨ EZ: { ... } ; BZ: { T_{krit} } ; VZ: { ... } ⟩ .

Die Rekonstruktion von T_{ID} und ihre Erweiterung T_{ID+} kann nicht erschöpfend sein und es soll an dieser Stelle in erster Linie um den Nachweis gehen, dass die Bewertungsheuristik von D geeignet ist, in der Frage nach dem wissenschaftlichen Status des ID angewendet zu werden.

3.2.1 Adäquate Rekonstruktion des ID

Zunächst bemühen wir uns um eine adäquate Rekonstruktion T_{krit} des ID, indem wir dessen positiven und negativen Gehalt sowie das systematische und quantitative Verhältnis beider Teile zueinander erfassen. Die Unterscheidung zwischen dem negativen und dem positiven Gehalt einer mutmaßlich pseudowissenschaftlichen Theorie ist in verschiedenen Situationen gewinnbringend. Beispielsweise dann, wenn wir es mit einer Pseudowissenschaft T_{krit} zu tun haben, die von ihren Vertretern als gleich- oder höherwertige Alternative gegenüber einer etablierten wissenschaftlichen Theorie präsentiert wird, und sich T_{krit} auf eine Vielzahl von Kritikpunkten – dem negativen Gehalt – an der etablierten Theorie reduzieren lässt.

---

252 Siehe Abschnitt 2.3.

Was ist in einer ersten Annäherung unter Intelligent Design zu verstehen? Intelligent Design ist im engeren Sinne die Theorie, dass bestimmte Eigenschaften tierischer oder pflanzlicher Organismen eine intelligente und intentionale Ursachen haben bzw. diese Eigenschaften den Schluss auf eine intelligente Ursache rechtfertigen. In einem weiteren Sinne kann es auch als Theorie verstanden werden, die eine intelligente Ursache in bestimmten Eigenschaften der unbelebten Welt bzw. des Universums erkennt, beispielsweise den Naturkonstanten (physikalischen Konstanten), die keine räumliche oder zeitliche Änderung zulassen. Wir befassen uns im weiteren Verlauf mit dem ID im engeren Sinne und werden die letztgenannte Bedeutungskonnotation nur in unsere Überlegungen einfließen lassen, wenn sie von den Vertretern des ID im engeren Sinne für ihre Sache ins Feld geführt wird.

ID in diesem engeren Sinne wird von seinen Vertretern als eine Theorie mit wissenschaftlichem Anspruch vertreten, d. h. sie fällt in den Objektbereich von D. ID wird explizit als explanativ gleich- oder höherwertige Alternative zur modernen Evolutionstheorie vorgeschlagen. An dieser wird kritisiert, dass sie die Evolution derjenigen Eigenschaften pflanzlicher oder tierischer Organismen, deren Struktur mutmaßlich die Wirkung einer intelligenten Ursache nahelegen, nicht mit den üblichen Erklärungsmustern erklären könnte. Erklärungen der Evolution biologischer Komplexität durch den iterierten und rekursiven Algorithmus der drei darwinschen Module werden somit von den Vertretern des ID als nicht immer hinreichend dargestellt.

Die Kritik der modernen Evolutionstheorie, die in den Lebenswissenschaften als paradigmatische Theorie gilt und beispielsweise zur Erklärung der Evolution der Vielfalt des Lebens herangezogen wird, nimmt in den Veröffentlichungen der Vertreter des ID den größten Raum ein. Der negative Gehalt des ID besteht im Wesentlichen aus vier Merkmalen i-iv, nämlich dem Argument (i) der nichtreduzierbaren Komplexität, dem Argument (ii) der spezifizierten Komplexität, dem Argument (iii) der Feinabstimmung der Naturkonstanten und zuletzt der expliziten oder impliziten Annahme (iv) einer Ausschlussrelation zwischen der modernen Evolutionstheorie und der Designhypothese.

Der positive Gehalt des ID besteht in der Annahme, dass eine intelligente Ursache bzw. ein intelligenter Designer / intelligenter Urheber die beste Erklärung für das Entstehen bestimmter Strukturen pflanzlicher oder tierischer Organismen sei, die in den Worten der Vertreter des ID nichtreduzierbar komplex sind oder spezifizierte Komplexität aufweisen.[253]

253 Im Folgenden werden die Formulierungen »intelligente Ursache«, »intelligenter Designer« und »intelligenter Urheber« synonym verwendet. Diese Praxis wird in den Schritten H_2 und H_4 weiter an Plausibilität gewinnen, wenn es um die von Kitcher bemängelte Funktion des semantisch unterbestimmten Begriffs der »intelligenten Ursache« als Projektionsfläche für religiöse Bedürfnisse der Zuhörerschaft geht. An dieser Stelle sei darauf hingewiesen, dass eine intelligente Ursache aus begrifflichen Gründen eine wie auch immer geartete personale Identität unterstellt.

Wir können T_{ID} wie folgt notieren und werden es direkt im Anschluss Merkmal für Merkmal durchgehen:

> T_{ID}: ⟨ positiver Gehalt: { Erklärung durch intelligentes Design / Designhypothese} ≪ negativer Gehalt: { i. Argument der nichtreduzierbaren Komplexität ≫ ii. Argument der spezifizierten Komplexität ≫ iii. Argument der Feinabstimmung der Naturkonstanten ; iv. implizite oder explizite Annahme einer Ausschlussrelation zwischen evolutionären oder naturalistischen Erklärungen und der Designhypothese } ⟩ [254]

Betrachten wir in aller Kürze die Merkmale von T_{ID}. Dafür gehen wir zunächst auf den negativen Gehalt ein, dann den positiven Gehalt (Erklärung durch intelligentes Design) und zuletzt auf das quantitative und das systematische Verhältnis der Merkmale in den Veröffentlichungen der Befürworter des ID.

Kommen wir zunächst zum negativen Gehalt von T_{ID} und darin zum (i) Argument der nichtreduzierbaren Komplexität, das vom Biochemiker Michael Behe in seinem Buch *Darwin's Black Box* (1996) detailliert ausgearbeitet wurde.[255] Zuvor wurde es in der zweiten Auflage des neokreationistischen Schulbuchs *Of Pandas and People* (1993) von Percival Davis und Dean Kenyon dargestellt, für das Behe ein Kapitel über Hämostase als nichtreduzierbar komplexen Mechanismus schrieb.[256] Die Definition von nichtreduzierbarer Komplexität lautet:

> "I define irreducible complexity [..., as] a single system which is composed of several well-matched, interacting parts that contribute to the basic function, and where the removal of any one of the parts causes the system to effectively cease functioning."[257]

Tierische und pflanzliche Organismen, die beispielsweise auf biochemischer Ebene nichtreduzierbare Systeme aufweisen, sind nach Behe für die moderne Evolutionstheorie eine explanative Herausforderung. Eine evolutionäre Erklärung ihrer Entstehung sei dadurch erschwert, dass nur das gesamte System von zusammenwirkenden Teilen eine selektive Bedeutung habe.[258] Die direkte gra-

---

254 Mit »≪« und »≫« sind die quantitativen Verhältnisse kenntlich gemacht, wonach beispielsweise das Argument i sehr viel häufiger (≫) in der Literatur zu finden ist, als das Argument ii.

255 Behe (2006), S. 257.

256 Vgl. Davis / Kenyon (1993), Kapitel 6. Dieses Vorgehen ist erstaunlich, handelt es sich bei *Of Pandas and People* doch um ein Schulbuch, die gemeinhin nicht der Ort für die Vorstellung einer neuen Theorie sind, die sich noch nicht etablieren konnte und, was eine wissenschaftshistorische Tatsache ist, in den zwanzig Jahren zwischen 1992 und 2012 keine breite Zustimmung erfuhr. Siehe Abschnitte 3.2.3. und 3.2.4.

257 Zit. Behe (2006), S. 257. (Behe spricht sich in Auflage von Darwin's Black Box, die zu Ehren der zehnjährigen Veröffentlichung herausgegeben wurde, ausdrücklich für die Verwendung dieser Definition aus und verwirft die Kritik von Robert Pennock, Kenneth Miller und Allen Orr. Seinen Kritikern unterstellt Behe in diesem Zusammenhang, dass sie seine Definition in unredlicher Weisse umdeuten würden, um seine Einwände zu entkräften. Vgl. Behe (2006), S. 257-263.)

258 Behe (2006), S. 261.

duelle Evolution von nichtreduzierbar komplexen Systemen, bei der die einzelnen zusammenwirkenden Teile des Systems erst nach der Fertigstellung zusammenwirken und somit ihre vorteilhafte selektive Bedeutung entfalten können, hält Behe aufgrund der mangelnden Funktion des Systems vor der Fertigstellung für unmöglich. Die indirekte graduelle Evolution hingegen, beispielsweise in der Art, dass die Teile des Systems vorher einer anderen Funktion dienten, sei im Fall von nichtreduzierbaren Systemen äußerst unwahrscheinlich:

> "An irreducible complex system cannot be produced directly (that is, by continuously improving the initial function, which continues to work by the same mechanism) by slight, successive modifications of a precursor system, because any precursor to an irreducible complex system that is missing a part is by definition nonfunctional."[259]

Die beste Erklärung für die Entstehung von nichtreduzierbar komplexen Systemen sei das Wirken einer intelligenten Ursache. Diese wird in *Darwin's Black Box* nicht mit dem christlichen Gott identifiziert, aber dennoch legt Behe nach Ruse nahe, dass eine Kraft außerhalb des Wirkungsbereichs des Naturgeschehens gemeint ist.[260] In *A Reply to my Critics: A Response to Reviews of Darwin's Black Box: The Biochemical Challenge to Evolution* (2001), spricht Behe dies explizit aus und sagt, dass die intelligente Ursache außerhalb der Natur anzusiedeln sei. Er plädiert damit für eine Variante des methodologischen Supernaturalismus:

> "By 'intelligent design' (ID) I mean to imply design beyond the simple laws of nature. [...] In my book [*Darwin's Black Box*], [...], whenever I refer to ID I mean this stronger sense of design-beyond-laws. Virtually all academic critics of my book have taken the phrase in the stronger sense I meant it."[261]

Diese Praxis – die mal explizite und mal implizite Identifikation der intelligenten Ursache mit dem christlichen Gott – ist charakteristisch für die Mehrzahl der Veröffentlichungen zum ID.

Mikrobiologische bzw. biochemische Beispiele für nichtreduzierbare Komplexität, die von Behe besprochen werden, sind das bakterielle Flagellum von Escherichia coli, Cilien, die Blutgerinnungskaskade beim Säugetier sowie das adaptive Immunsystem bei Wirbeltieren. Neben diesen Beispielen für Eigenschaften tierischer Organismen, die Behe als nichtreduzierbar komplex typisiert, erläutert er seine Überlegungen mit einer Analogie: Eine Mausefalle, von der wir wissen, dass sie ein Artefakt ist, ist nichtreduzierbar komplex und zwar insofern sie aus verschiedenen Teilen zusammengesetzt ist, die miteinander zusammenwirken und gemeinschaftlich die Funktion als Mausefalle garantieren. Sie besteht aus

---

259 Zit. Behe (2006), S. 39.

260 Vgl. Ruse (2003), Abschnitt 7, worin es heißt "[...] but the implication is that it is a force from without the normal course of nature.".

261 Zit. Behe (2001), S. 696.

einer Holzplatte, einer Feder, einem Scharnier, einem Haken und einem Bügel aus Metall, der beim Auslösen die Falle zuschnappen lässt, sodass einer Maus das Genick gebrochen wird. Wird eines dieser Teile entfernt, ist die Mausefalle nicht mehr funktionstüchtig. Insofern bezeichnet Behe eine Mausefalle als nichtreduzierbar komplex, denn die Entfernung eines ihrer Teile zerstört ihre Funktion als Mausefalle. Diese Analogie wurde von einer Vielzahl von Kritikern aufgegriffen und wird im nächsten Schritt dazu verwendet werden, das Argument der nichtreduzierbaren Komplexität zu kritisieren.

Behes Argument der nichtreduzierbaren Komplexität zielt darauf ab, von der Struktur bestimmter biochemischer Systeme, die nach seiner Ansicht nichtreduzierbar komplex sind und für die keine direkte oder indirekte (graduelle) Erklärung ihrer Entstehung vermittels der drei darwinschen Module vorliegt, auf die explanative Notwendigkeit einer intelligenten Ursache zu schließen. Der iterierte und rekursive Algorithmus der drei darwinschen Module (Reproduktion, Selektion und Mutation)[262] wird in diesen Fällen als nicht hinreichend kritisiert, um die Entstehung der Vielfalt des Lebens bis zu den kleinsten biochemischen Maschinen nachzuvollziehen. Dem Anspruch nach ist die Designhypothese bei Behe nicht eine Fundamentalkritik an der modernen Evolutionstheorie – Behe ist schließlich Professor für Biochemie an der Lehigh University in Bethlehem, Pennsylvania – sondern eine Ergänzung.[263] In den Fällen, in denen die naturalistischen Erklärungen nicht hinreichend sind, um die Entstehung der mutmaßlich nichtreduzierbar komplexen Systeme zu erklären, sollten wir ihr Entstehen als die Auswirkung einer intelligenten Ursache begreifen.

Das Argument der nichtreduzierbaren Komplexität ist mit einer Überlegung verwandt, die der Philosoph und Mathematiker William Dembski zum ID beisteuert.[264] Mit dem Argument der spezifizierten Komplexität verfolgt dieser einen ähnlichen Anspruch, jedoch bezieht er eine radikalere antievolutionäre Position. Dembski geht von der Überlegung aus, dass ID ein verlässliches Anzeichen für den Eingriff einer intelligenten Ursache im Naturgeschehen benötig. Sein formalisiertes Konzept der spezifizierten Komplexität dient als Kriterium, um entworfene Dinge (Design) von anderweitig entstandenen Dingen zu unterscheiden. Schauen wir uns seine grundsätzliche Argumentation an, die Dembski in den letzten zwanzig Jahren in einer Vielzahl von mathematischen und philosophischen Studien vertieft hat.

Dembski geht in *The Design Inference* davon aus, dass spezifizierte und gleichzeitig komplexe Information (spezifizierte Komplexität) nur durch den

262 Schurz (2011a), S. 195.

263 Behe (2001), S. 685.

264 Vgl. Ruse (2007), Abschnitte 9 und 10, bzw. Ruse (2003), S. 316-319. Ruse / Dembski (2004, Hg.).

zweckmäßigen Eingriff einer intelligenten Ursache erklärt werden könnte.[265] Was ist nun unter spezifizierter Komplexität zu verstehen? Dembski erörtert seinen philosophischen Ausgangspunkt anhand des Film *Contact* (1997), in dem die agnostische Astrophysikern Dr. Eleanor Arroway, dargestellt von Jodie Foster, ein verschlüsseltes Radiosignal vom Stern Vega empfängt.[266] Das Signal selbst besteht aus einer Folge von Primzahlen und weiteren Informationen, nämlich Fernsehbildern der Eröffnungsrede der Olympischen Sommerspiele von 1936 und den Plänen für den Bau einer Maschine, die eine interplanetare Reise zu den Urhebern des Signals ermöglicht. Die drei Teile des Signals sind spezifisch und gleichzeitig komplex, da sie aus einer langen Folge (Komplexität) von Nullen und Einsen bestehen, die ein unabhängig gegebenes Muster (spezifiziertes Muster) kodieren. Der erste Teil enthält nämlich die Primzahlen von 2 bis 101. Diese Folge ist spezifiziert, weil sie durch eine kurze Beschreibung formuliert werden kann, und sie ist komplex, weil ihr Vorkommen sehr unwahrscheinlich ist. Beispielsweise könnten diese Primzahlen als die ersten 26 natürlichen Zahlen definiert werden, die (a) größer als eins und (b) ausschließlich durch sich selbst und durch eins teilbar sind. Im Film wird das Konzept der spezifizierten Komplexität dadurch wiedergegeben, dass die anwesenden Wissenschaftler eine gewisse Zeit die Abfolge der Primzahlen hörten (2, 3, 5, …), die Unwahrscheinlichkeit dieses Musters erkannten und dann Voraussagen machen konnten.[267] Die komplexe Information, die hier als Beispiel dient, ist zu spezifisch, als dass sie ein rein zufälliges Muster sein könnte. Es liegt auch keine natürliche Erklärung vor, aus welchen Naturgesetzen sie mit Notwendigkeit folgen sollte. Im Film wird deswegen von Dr. Arroway geschlossen, dass das Signal einen intelligenten Ursprung hat. Dembski vertritt nun die Auffassung, dass spezifizierte Komplexität nur durch eine intelligente Ursache – d. h. durch eine zweckgeleitete Selektion – entstehen könnte. Er verwendet dieses Konzept als explanativen Filter, um zischen drei disjunkten und exhaustiven Kategorien der Erklärung zu unterscheiden, was letztlich der Entdeckung von Design dient:

> "To attribute an event to design is to say that it cannot plausible be referred to either law or chance. In characterizing design as the set-theoretic complement of the disjunction law-or-chance, one therefore guarantees that these three modes of explanation will be mutually exclusive and exhaustiv."[268]

---

265 Dembski (1998b), S. 36.

266 Vgl. Der Film basiert auf dem gleichnamigen Roman von Carl Sagan (http://www.imdb.de/title/tt0118884/, abgerufen am 17. August 2012).

267 Contact (1997), Minuten 42-44.

268 Zit. Dembski (1998a), S. 98.

Falls somit etwas weder zufällig entstanden ist, noch (augenscheinlich) notwendigerweise aus den Naturgesetzen und empirischen Randbedingungen folgt, dann sollte nach Dembski angenommen werden, dass es durch eine intelligente Ursache entstanden ist, die durch nicht weiter explizierte Mittel zwischen verschiedenen Alternativen der Realisierung von spezifizierten Informationen auswählt.[269]

Stellen wir die vier möglichen Fälle, auf die dieser explanative Filter angewendet werden kann, in einer Tabelle dar und bedenken, dass von spezifizierten und gleichzeitig komplexen Dingen angenommen wird, dass sie nur durch intelligentes Design (kursiv hervorgehoben) entstehen könnten:

	spezifiziert	nicht spezifiziert
komplex	*Nachrichten ...* *Erklärung: ID*	Lange Folge zufälliger Buchstaben Erklärnung: Naturgesetze + Randbedingungen oder Zufallserklärung
nicht komplex	Nachrichten ... Erklärung: ID	Kurze Folge zufälliger Buchstaben ... Erklärung; Naturgesetze + Randbedingungen oder Zufallserklärungen

Tab. 3.2.a. Übersicht zum Argument der spezifizierten Komplexität.

Spezifizierte und gleichzeitig komplexe Phänomene sind nach Dembski nicht durch Naturgesetze und Randbedingungen oder Zufallserklärungen erklärbar, sie zeigen die Spuren eines intelligenten Eingriffs, der probabilistische oder deterministische Vorgänge transzendiert. Im Gegensatz dazu sind die anderen Fälle entweder durch Naturgesetze und Randbedingungen oder Zufallserklärungen erklärbar. Es ist schnell ersichtlich, dass Dembskis Argument der spezifizierten Komplexität, das hier in sehr geraffter Form wiedergegeben wurde, Behes Argument der nichtreduzierbaren Komplexität ergänzt. Behes biochemische Beispiele für nichtreduzierbare Komplexität fallen nämlich in die gleiche Kategorie von Entitäten, von denen behauptet wird, dass ihr Entstehen nur durch eine intelligente Ursache zu erklären sei. Nach den Vertretern des ID ist die bakterielle Geißel von Escherichia coli nichtreduzierbar komplex und ihre Struktur legt den Verdacht nahe, dass sie zweckmäßig entworfen wurde. Außerdem ist, zumindest Behe zufolge, keine evolutionäre Erklärung ihrer Entstehung bekannt, die ein Szenario der direkten oder indirekten graduellen Evolution beschreibt, und eine Zufallserklärung kann ohnehin ausgeschlossen werden. Der explanative Filter zur Identifikation von spezifizierter Komplexität, d. h. der Identifikation der

269 Vgl. Dembski (1998b), S. 36.

Wirkung einer intelligenten Ursache, reduziert sich in der Mehrzahl der Veröffentlichung im Umfeld des ID auf diese Argumentation:

(1) A ist nicht zufällig entstanden.
(2') Für die Entstehung von A ist keine naturalistische und insbesondere evolutionäre Erklärung bekannt. (oder)
(2'') Für die Entstehung von A kann es keine naturalistische oder evolutionäre Erklärung geben.
(K) A ist die Wirkung einer intelligenten Ursache.[270]

Zumeist wird (1) und die schwächere Annahme (2') – nicht die stärkere Annahme (2'') – zum Schluss auf K verwendet. In der Kritik wird sich unter anderem zeigen, dass zumeist (2') und (2'') empirisch widerlegt werden können und der Schluss von (1) und (2') bzw. (1) und (2'') auf (K) aus methodologischen Gründen abzulehnen ist. Die mathematischen Überlegungen von Dembski finden fast keinen Eingang in die Mehrzahl der unterstützenden Veröffentlichungen zum ID. Sie bleiben deshalb im Folgenden unberücksichtigt, jedoch muss darauf hingewiesen werden, dass sie auf vehemente Ablehnung unter Mathematikern und Informationswissenschaftlern stoßen.[271] Aus der Nichtberücksichtigung wird sich kein Mangel ergeben, insofern wir bei den drei Argumenten des negativen Teils von T_{ID} (i bis iii) ähnliche methodologische Kritikpunkte ausmachen werden.

In dem Argument der Feinabstimmung der Naturkonstanten kann gleichermaßen ein teleologischer Gottesbeweis gesehen werden, wie er sich auch im Argument der nichtreduzierbaren Komplexität und dem Argument der spezifizierten Komplexität zeigt. Im Vergleich zu den Argumenten i und ii wird nur in seltenen Fällen mit dem Argument iii argumentiert, was nicht verwundert, weil sich die offizielle Darstellung des ID als säkularer Theorie der expliziten Identifikation des intelligenten Urhebers verweigert. Die Identifikation des intelligenten Urhebers mit Gott, sei es nun der Gott des evangelikalen Christentums oder anderer christlicher Konfessionen, kann im Zusammenhang des Arguments der Feinabstimmung der Naturkonstanten allerdings nicht mehr als favorisierte Erklärungsmöglichkeit bestritten werden. Somit vermag es nicht zu überraschen, dass dieses Argument nur den geringsten Raum in den Veröffentlichungen zum ID einnimmt. Gleichzeit ist es, da es weder als Antievolutionismus, noch als Antiselektionismus auftritt, eine dankbare Argumentationsstrategie, die parallel zu den Argumenten i und ii ins Feld geführt wird.

---

270 Wir werden diese Argumentationstechnik später genauer analysieren, wenn wir auf das systematische Verhältnis des positiven und des negativen Gehalts von T_{ID} eingehen.

271 Vgl. Elsberry / Shallit (2011).

In der ein oder anderen Form wird es von Paul Davies, William Craig, Robin Collins, John Gribbin, Martin Reese, Peter Ward und Donald Brownlee vertreten, die hier pars pro toto genannt werden.[272] Der gemeinsame Kern des Arguments besteht in zwei Annahmen, nämlich (I), dass die Möglichkeit von Leben im Universum auf einer Reihe von ganz bestimmten Bedingungen beruht und (II) bereits kleine Änderungen dieser Bedingungen in einem Universum resultieren würden, das höchstwahrscheinlich weder die Entstehung, noch die fortdauernde Existenz von Leben ermöglichen würde. Dass die Bedingungen in unserem Universum die Möglichkeit von Leben schaffen, bedürfe einer besonderen Erklärung. Vertreter des Arguments der Feinabstimmung der Naturkonstanten – insbesondere diejenigen, die sich im intellektuellen Umfeld des ID bewegen – argumentieren für die Auffassung, dass (I) und (II) eine theologische Erklärung einfordern: Die in ihren Augen beste Erklärung sei es, die Existenz einer intelligenten Ursache oder eines wohlwollenden Gottes anzunehmen, der die lebensfreundlichen Bedingungen durch die Feinabstimmung von Naturkonstanten hinsichtlich des Zwecks der Entstehung von Leben bewirkt hat. Mit Leben ist bei den Philosophen und Wissenschaftlern in erster Linie menschliches Leben gemeint, weswegen in diesem Zusammenhang auch davon gesprochen wird, dass ein »anthropisches Prinzip« als Erklärung für die fein abgestimmtnen Naturkonstanten herangezogen wird, die in den für Leben günstigen Bedingungen in unseren Universum resultieren.[273]

Was ist mit den Bedingungen gemeint, die die Möglichkeit des Entstehens und der fortdauernden Existenz von Leben begünstigen? Leben, zumindest so wie wir es kennen, ist von einer Vielzahl von abiotischen und biotischen Bedingungen abhängig. Mit dem Aufkommen des interdisziplinären Wissenschaftsfeldes der Astrobiologie, in der die Möglichkeit der Entstehung und der fortdauernden Existenz von irdischem Leben und insbesondere die Möglichkeit von außerirdischem Leben thematisiert wird, wurde klar, „[dass] die Evolution auf unserem Planeten auf einer Reihe von unwahrscheinlichen Besonderheiten beruht."[274] Peter Ward und Donald Brownlee stellen dazu in *Rare Earth* (2000) fest, was auch ausführlich von Schurz besprochen wird, dass eine Vielzahl von besonderen Eigenschaften relevant ist, die einen erdähnlichen Planeten lebensfreundlich machen:

> Der Stern, um den der Planet kreist, muss sich an einem geeigneten Ort in der Galaxie befinden, d. h. weder zu weit im Inneren der Galaxie, weil dort die Energien zu hoch sind, um Leben zu erlauben, noch zu weit im Außenbereich, weil es dort zu wenige höhere Elemente gibt.

---

272 Vgl. beispielsweise Manson (2003, Hg.); Davies (1995); Craig (2001); Collins (2001); Gribbin / Rees (1989) und Ward / Brownlee (2000) / (2001).

273 Vgl. Schurz (2011a), S. 107-113.

274 Zit. Schurz (2011a). S. 107.

Der Stern muss ein stabiles Planetensystem ausgebildet haben.

Der Stern muss die richtige Größe aufweisen, d. h. er darf nicht zu klein sein, weil sonst die bewohnbare Zone zu nah am Stern liegt und eine Drehsperre eintreten könnte; wäre der Stern zu groß, würde er zu schnell ausbrennen.

usw.[275]

Inwiefern können solche Überlegungen im Sinne des Intelligent Design verwendet werden? Vertreter des Intelligent Design behaupten zumeist nicht, dass Gott direkt in den Lauf der Natur eingegriffen hätte, um die besonderen Eigenschaften zu erzeugen, die Leben ermöglichen. Ihre Argumentation setzt an einer anderen Stelle an, nämlich an den Naturkonstanten, die letztendlich dafür verantwortlich sind, dass unser Universum auf eine bestimmte Weise beschaffen ist. Nach Schurz wurden solche Unwahrscheinlichkeitsüberlegungen ebenfalls in der Physik angestellt und insbesondere auf die Werte der Naturkonstanten bezogen, die fein aufeinander abgestimmt scheinen.[276] Wäre beispielsweise das Massenverhältnis von Protonen zu Elektronen (m_p / m_e) anders, es liegt bei $m_p = 1{,}67261 \times 10^{-27}$ kg zu $m_e = 9{,}10953 \times 10^{-32}$ kg, dann würden sich entweder keine Atome bilden oder alle Atome würden kollabieren. Wäre die Gravitationskraft (α_G) höher, dann wären alle Sterne kältere rote Zwerge und es würde kein Leben entstehen, da die habitablen Zonen zu nahe an den Sonnen liegen würden.[277] Wir können uns somit Universen vorstellen, in denen die Fundamentalkonstanten der Physik andere Werte besitzen. Diese Universen würden nicht in den ohnehin selten gegebenen Bedingungen resultieren, die Leben ermöglichen. Sollten wir dann nicht annehmen, dass die Werte der Naturkonstanten fein abgestimmt sind, um Leben zu ermöglichen? Das anthropische Prinzip wird nun von Schurz auf diese Weise expliziert:

AP: „Die Parameter unseres Universums, Sonnensystems und Planten sind gerade so justiert, weil darin komplexes und intelligentes Leben existiert, nämlich wir Menschen."[278]

Vertreter des ID interpretieren AP nicht in einem schwachen, sondern in einem starken Sinn. Die schwache Interpretation von AP sieht durch das »weil« eine Begründung bzw. einen Glaubensgrund angezeigt, an die Wahrheit der Tatsachenaussage zu glauben, dass unser Universum, Sonnensystem und Planeten gerade so justiert sind, wie sie es sind. Diese Interpretation von AP ist, wie Schurz feststellt, harmlos.[279] Sie erklärt uns nämlich nicht, welche kausale Ursache für die mutmaßliche Feinabstimmung der Naturkonstanten verantwortlich

275 Ward / Brownlee (2000), S. 271-275; Schurz (2011a), S. 108-111.

276 Schurz (2011a), S. 112.

277 Craig (2001), S. 156-160 und Vgl. Collins (2001).

278 Zit. Schurz (2011a), S. 113.

279 Schurz (2011a), S. 113.

ist. Es ist die starke Interpretation von AP, nach der im anthropischen Prinzip eine Zweckerklärung für die Feinabstimmung der Naturkonstanten gesehen wird. Mit der starken Interpretation näherten sich verschiedene Wissenschaftler, wie beispielsweise Paul Davies oder Richard Swinburne, dem ID an.[280]

Zwischen den Argumenten i und ii auf der einen und dem Argument iii, welches die Feinabstimmung der Naturkonstanten betrifft, auf der anderen Seite besteht offenbar eine Analogie: Während die Argumente i und ii auf die mutmaßlichen Designspuren hinweisen, die eine Anpassung des Lebens an die Lebensumstände bedeuten, weist das Argument iii auf die mutmaßliche Feinabstimmung der Naturkonstanten hin, um diejenigen Lebensumstände zu erzeugen, die förderlich für die Entstehung des Lebens sind.

Die i, ii und iii werden zumeist unter der expliziten oder impliziten Annahme vertreten, dass eine Ausschlussrelation zwischen drei möglichen Erklärungen besteht, nämlich einer Zufallserklärung, einer evolutionären Erklärung und einer Erklärung durch eine intelligente Ursache. Die besagten Argumente wurden im negativen Teil von T_{ID} erfasst, weil die Vertreter des ID die meiste Zeit darauf verwenden, die Unzulänglichkeit naturalistischer Erklärungen im Allgemeinen und evolutionärer Erklärungen im Besonderen zu erweisen, um dann auf das Wirken einer intelligenten Ursache zu schließen. Zumeist läuft diese Argumentationspraxis auf die Annahme einer Ausschlussrelation hinaus, nach der evolutionäre Erklärungen und Erklärungen durch eine intelligente Ursache als exklusive Alternativen gegenübergestellt werden. Dieses Vorgehen wurde von Michael Ruse auch als »two-model-approach« bezeichnet und zeigt sich insbesondere darin, dass die Rechtfertigung der Erklärungen für nichtreduzierbare Komplexität, spezifizierte Komplexität und die Feinabstimmung der Naturkonstanten durch eine intelligente Ursache durch die ablehnende Kritik der naturalistischen Erklärungen suggeriert wird.[281]

Bis zu diesem Punkt haben wir uns mit dem negativen Gehalt des ID beschäftigt. Als der positive Gehalt von T_{ID} kann die Designhypothese angesehen werden. In der offiziellen Darstellung des ID wird die Identität der intelligenten Ursache bzw. des intelligenten Designers zumeist nicht thematisiert, stattdessen wird die Auffassung vertreten, dass die Eingriffe des Designers oder die Wirkung der intelligenten Ursache genau in den Fällen erkannt werden können, die in den Argumenten i, ii und iii angesprochen werden. Die Vermeidung der Identifikation von kausalen Mechanismen – nichts anderes ist die Abwesenheit der Identifikation der intelligenten Ursache – wurde in der kommentierenden Literatur zum ID ausführlich belegt.[282] Tatsächlich begreifen die Vertreter des ID ihre

---

280 Vgl. Davies (1995).

281 Ruse (1990), S. 258.

282 Schurz (2011a), S. 121; Kitcher (2009), S. 141.

Tätigkeit nicht als die systematische Untersuchung der Ursachen von bestimmten empirischen Phänomenen, sondern als die systematische Untersuchung der Wirkung einer intelligenten Ursache:

> "Intelligent design is the field of study that investigates signs of intelligence. It identifies those features of objects that reliably signal the action of an intelligent cause."[283]

Es ist nicht der Fall, dass damit die Untersuchung der kausalen Mechanismen der postulierten intelligenten Ursache inbegriffen ist, der Fokus liegt ausschließlich auf der Untersuchung ihrer Wirkungen. ID präsentiert sich damit als eine Variante des rationalisierten Kreationismus, wie er von Schurz formuliert wird:

> RatK: „Rationalisierter Kreationismus: Unsere Welt hat einen Schöpfer, der bewirkt hat, dass sie wie folgt beschaffen ist: ... (hier folgt eine Aufzählung aller bis dato bekannten empirischen Tatsachen, z. B. eine Aufzählung aller bekannten Lebewesen.)."[284]

Im Gegensatz zu dieser Formulierung von RatK, wird in der Designhypothese von T_{ID} von einer »intelligenten Ursache«, einem »intelligenten Designer« oder einem »intelligenten Urheber« gesprochen. Außerdem wird der Blick auf bestimmte empirische Tatsachen gelenkt, je nachdem, welches der Argumente ins Spiel gebracht wird, um die Designhypothese zu plausibilisieren.[285] Ein Ergebnis der vorliegenden Analyse besteht drittens in der Feststellung, dass es sich bei den Argumenten i, ii und iii im wesentlichen um Argumente gegen die explanative Funktion der Evolutionstheorie und naturalistischer Erklärungen handelt. Die Rechtfertigungsversuche der Designhypothese, die von den Vertretern des ID unternommen werden, hängen somit davon ab, alternative Erklärungen naturalistischer oder evolutionärer Art zugunsten des Postulats einer supernaturalistisch interpretierten intelligenten Ursache auszuschließen.

Die quantitativen Verhältnisse der Argumente in den Veröffentlichungen zum ID sind insofern in der Rekonstruktion wiedergegeben, als in T_{ID} mit ≪ und ≫ kenntlich gemacht wurde, dass die negativen Argumente (i, ii und iii) den größten Raum einnehmen. Die überragende Mehrzahl der Veröffentlichungen der Vertreter des ID ist also in der ein oder anderen Form als Kritik der modernen Evolutionstheorie zu begreifen und dem negativen Gehalts von T_{ID} zuzurechnen. Innerhalb dieses negativen Teils nehmen das Argument der nichtreduzierbaren Komplexität und empirische Belege für die Existenz nichtreduzierbarer Komplexität den größten Raum ein. Eine geringere Rolle spielen das Argument der spezifizierten

---

283 Zit. Dembski (2005), S. 2.

284 Zit. Schurz (2011a), S. 121.

285 Im Abschnitt 3.2.2 werden wir auch auf die Lösung des Demarkationsproblems im Zusammenhang des rationalisierten Kreationismus zu sprechen kommen, die Schurz vorschlägt, dessen Voraussagekriterium neben weiteren Kriterien der Feststellung eines systematischen Defizits von T_{ID} dienen wird.

Komplexität und das Argument der Feinabstimmung der Naturkonstanten. Bei der Mehrzahl der Vertreter des ID wird in expliziter oder impliziter Weise angenommen, dass eine Ausschlussrelation zwischen der modernen Evolutionstheorie und dem ID bestünde. Dieser Mehrheitsmeinung wird nur bei wenigen Autoren widersprochen, so beispielsweise beim Biochemiker Michael Behe, der seine Überlegungen sporadisch als eine Ergänzung zur modernen Evolutionstheorie präsentiert. Es herrschen radikalere Positionsbestimmungen des ID vor, beispielsweise bei William Dembski, der die natürliche Evolution der Vielfalt des Lebens aus prinzipiellen mathematischen und metaphysischen Gründen bestreitet.

Das systematische Verhältnis zwischen dem negativen und dem positiven Gehalt von T_{ID} wird im nächsten Schritt (H_2) bewertet werden, wenn wir der Frage nachgehen, ob darin nicht hinreichende oder nicht optimale Mittel zur Realisierung der obersten wissenschaftsinternen Norm Z verwendet werden.

3.2.2 Kritik der adäquaten Rekonstruktion des ID

Mit der adäquaten Rekonstruktion von T_{ID} ist H_1 abgeschlossen und wir können zu H_2 übergehen. T_{ID} wurde so rekonstruiert:

> T_{ID}: ⟨positiver Gehalt: {Erklärung durch intelligentes Design / Designhypothese} ≪ negativer Gehalt: {i. Argument der nichtreduzierbaren Komplexität ≫ ii. Argument der spezifizierten Komplexität ≫ iii. Argument der Feinabstimmung der Naturkonstanten; iv. implizite oder explizite Annahme einer Ausschlussrelation zwischen evolutionären oder naturalistischen Erklärungen und der Designhypothese}⟩

Da es bei der in D vorausgesetzten obersten wissenschaftsinternen Norm Z um die Findung von möglichst wahren und gleichzeitig gehaltvollen Aussagen, Gesetzen und Theorien geht, wird die Kritik hauptsächlich den positiven Gehalt von T_{ID}, d. h. die Designhypothese betreffen. Der negative Gehalt von T_{ID} ist im Wesentlichen als antiselektionistische, antievolutionistische und antinaturalistische Kritik an etablierten Erklärungsstrategien in den Naturwissenschaften zu begreifen. Falls dies die sprachethische Norm S nicht überdehnt, kann er als eine parasitäre Reaktion auf die Forschungsleistung der etablierten Naturwissenschaft bezeichnet werden, in der in aller Offenheit Forschungsfragen angesprochen werden, für die es noch keine oder nur unvollständige Erklärungsansätze gibt.

Vertreter der Argumente i und ii ignorieren zumeist die Möglichkeit, das Vorhandensein von (scheinbar) nichtreduzierbaren und komplexen Systeme oder spezifizierter Komplexität im Fall der biologischen Vielfalt durch Exadaption und Präadaption zu erklären. Die Argumente von Behe und Dembski stellen die Möglichkeit in Abrede, dass bestimmte neuartige komplexe Merkmale, Körperformen oder Fähigkeiten, für deren Evolution die Kombination vieler Gene verantwortlich ist, mit den Mitteln der modernen Evolutionstheorie erklärbar sei. Für solche Makrotransformationen, wie sie von Schurz bezeichnet werden, gibt es jedoch plausible evolutionäre Erklärungsansätze.[286] Evolutionskritiker verweisen im Wesentlichen darauf, dass die Entstehung von neuen Makrostrukturen durch sukzessive Mutationen die anscheinende Notwendigkeit der Durchschreitung eines Fitnesstales involviert.[287] Die evolutionstheoretische Erklärung muss dementsprechend zeigen, inwiefern die Durchschreitung eines Fitnesstales wahrscheinlich ist.

> „Sie [die evolutionstheoretische Erklärung] besteht darin, dass es während einer Makrotransformation spezifische Übergangsformen gibt, die eine rudimentäre Vorform des neuen Makromerkmals besitzen, welche in der gegebenen Umgebung eine andere als die spätere Funktion, sozusagen eine Vorfunktion, ausübten, aufgrund derer sich bereits die Vorform als fitnesserhöhend auswirken konnte.“[288]

Behes Beispiele für nichtreduzierbare Komplexität machen sich die tatsächliche oder die von ihm unterstellte Abwesenheit von solchen Erklärungen zunutze, um das Postulat einer intelligenten Ursache zur Erklärung der scheinbar nichtreduzierbar komplexen Systeme zu plausibilisieren. Wenn er argumentiert, dass beispielsweise das bakterielle Flagellum von Escherichia coli nichtreduzierbar komplex sei, dann bezweifelt er die Möglichkeit einer Erklärung im Sinne einer Ex- oder Präadaption. Würde ein Teil der komplexen biochemischen Maschine entfernt werden, dann wäre die Gesamtfunktion nicht mehr gegeben, so lautet Behes Argument. Deswegen würden scheinbar nichtfunktionale Vorformen der komplexen biochemischen Maschine für die betreffende Population ein Fitnesstal bedeuten. Exadaption meint nun, dass ein ehemals zu anderen Zwecken selektiertes Merkmal eine andere (neue) Funktion annimmt, wohingegen Präadaption meint, dass das der Vorfunktion dienende Merkmal wie geschaffen dazu scheint, später eine andere Funktion zu erfüllen.[289] So zeigten beispielsweise die Mikrobiologen Mark Pallen und Nicholas Matzke, dass die Entstehung des bakteriellen Flagellums sehr wohl durch einen evolutionären Prozess (Exadaption) erklärt werden kann.[290]

Tatsächlich stellt Behes Argument ein Argumentum ad ignorantiam dar, falls eine Erklärung im Sinne von Exadaption oder Präadaption – bzw. eine naturalistische Erklärung anderer Art – noch nicht bekannt ist. Sein Ignorieren alternativer Erklärungsansätze kann ferner als ein Verstoß gegen das bereits genannte

286 Schurz (2011a), S. 98-101.
287 Schurz (2011a), S 99.
288 Zit. Schurz (2011a.), S. 98.
289 Schurz (2011a), S. 99.
290 Vgl. Pallen / Matzke (2006).

Kriterium verstanden werden, nach dem alternative Erklärungen nicht ignoriert werden sollten ($K_{e,V,4}$). Nach dem gleichen Muster kann auf Dembskis Argument geantwortet werden, in dem von der Unkenntnis einer naturalistischen Ursache für spezifizierte Komplexität auf die Notwendigkeit einer intentionalen und mutmaßlich supernaturalistischen Erklärung geschlossen wird.

In knapper Weise kann auch auf das Argument iii geantwortet werden. Wird es im Sinne des ID vorgebracht, wird zumeist ignoriert, welche Probleme eine theologische Letzterklärung der Feinabstimmung der Naturkonstanten involviert, wobei es um die starke Interpretation von AP geht. Danach ist das Universum auf eine bestimmte Art und Weise beschaffen, damit Menschen darin leben können. Die starke Interpretation des AP ist also eine Zweckerklärung und harmoniert mit einer kreationistischen Lehre, nach der ein Schöpfergott die Naturkonstanten aufeinander abgestimmt hat, um menschliches Leben zu ermöglichen. Wie kann auf das Argument iii und die starke Interpretation des AP reagiert werden?

Zunächst ist festzustellen, dass die starke Interpretation des AP nicht alternativlos ist, sondern verschiedene Erklärungsalternativen für die mutmaßliche Feinabstimmung der Naturkonstanten – Zugänge zu Letztfragen – denkbar sind.[291] So kann die Auffassung vertreten werden, dass die Frage nach der Feinabstimmung der Naturkonstanten weder aufgrund unseres gegenwärtigen noch in absehbarer Zukunft erreichbaren Wissenstandes beantwortbar ist (hypotheses non fingo). Nach dieser Position stellt der Wissenschaftler in Anbetracht der Abwesenheit von empirischen Anhaltspunkten keine wissenschaftlichen Hypothesen auf. Eine andere Alternative könnte in der Suche nach wahrscheinlichkeitserhöhenden Erklärungen bestehen, wobei Schurz in diesem Zusammenhang auf Theorien über alternative physikalische Universen verweist. Lee Smolins Theorie der Evolution von Universum ist hier insbesondere zu nennen.[292] Zuletzt könnte angenommen werden, dass die Unwahrscheinlichkeit der Feinabstimmung „irreduzibel sei, d. h., die Existenz von verborgenen Prozessen, die das scheinbar Unwahrscheinliche unseres Universums […] wahrscheinlich machen“, auszuschließen sei (Zufallserklärung).[293] In diesem Zusammenhang muss die Existenz einer Vielzahl von Universen angenommen werden, „unter denen solche wie unseres nur eine extrem geringe Häufigkeit besitzen.“[294] Ohne auf den explanativen Wert dieser Alternative einzugehen, kann festgestellt werden, dass diese Position stärker ist als die hypotheses-non-fingo-Position, weil erstere einen Zufallsprozess postuliert, der Universen produziert, wohingegen letztere keine wissenschaftliche Hypothese involviert.

291 Schurz (2011a), S. 115-117.

292 Schurz (2011a), S. 116. und vgl. Schurz (2011a), S. 126-129.

293 Zit. Schurz (2011a), S. 117.

294 Zit. Schurz (2011a), S. 117.

Darüber hinaus kann die Frage gestellt werden, ob die starke (kreationistische) Interpretation des AP wirklich den Erklärungsdurst stillt und die Letzterklärung für die kontingenten Letzttatsachen der Feinabstimmung der Naturkonstanten liefert.[295] Schurz bezweifelt in diesem Zusammenhang Letzterklärungen in der Wissenschaft:

> „Jede wissenschaftliche Erklärung benötigt gewisse erklärende Prämissen, das Explanans, mithilfe derer sie das Explanandum logisch impliziert oder zumindest wahrscheinlich macht [...]. Die Prämissen einer Erklärung können ihrerseits durch weitere Erklärungen erklärt werden, aber jede noch so lange Aneinanderreihung von Erklärungen muss irgendeinen Anfang haben, an dem gewisse nicht weiter erklärte Prämissen angenommen werden. Diese unerklärten Prämissen fungieren aus der Perspektive des Erklärungssuchenden als „Letzttatsache" bzw. aus der kausalen Entwicklungsperspektive als „Erstursachen"."[296]

Gegenüber dem Argument iii wirft diese Feststellung die Kritik auf, dass nach der Erklärung der kontingenten Letzttatsache der Feinabstimmung der Naturkonstanten durch einen Schöpfergott im Sinne des Kreationismus wieder die Frage im Raum stehen würde, welche Erstursachen für dessen Existenz verantwortlich wären. Insofern gilt das Problem des Erklärungsregresses sowohl für religiöse wie auch für wissenschaftliche Erklärungen, weswegen die kreationistische Erklärung nur die Illusion einer Letzterklärung zu erzeugen vermag.[297]

Wir konzentrieren uns nach dieser kurzen Besprechung der Argumente i bis iii im Folgenden auf den positiven Gehalt von T_{ID}, nämlich die ex post eingeführte Designhypothese. Denn sie ist es ja, die als Kandidat für wissenschaftliche Erkenntnis im Sinne von Z in Frage kommt. Ich werde die Kritik in zwei Schritten vollziehen, nämlich zunächst mithilfe des Voraussagekriteriums von Schurz zeigen, dass die Designhypothese eine methodologisch inakzeptable Ex-post-Erklärung ist, und dann untersuchen, inwiefern in T_{ID} eine Täuschungsabsicht zu erkennen ist.

Handelt es sich bei der Designhypothese in T_{ID}, die keine kausalen Mechanismen identifiziert und dennoch als kausale Erklärung für die angenommene Existenz von nichtreduzierbarer Komplexität, komplex spezifizierten Informationen und der Feinabstimmung der Naturkonstanten herangezogen wird, um eine wissenschaftliche Hypothese? Sie ist zwar namensgebend für ID, aber nicht forschungsleitend, insofern nicht der von ihr postulierte Designer, sondern exklusiv seine angenommenen Wirkungen untersucht werden. In T_{ID} wird die Designhypothese ex post an den gegebenen Kenntnisstand angepasst, insofern die angenommenen empirischen Phänomene (s.o.) dadurch erklärt werden, dass die Intelligenz ebendiese

295 Vgl. Schurz (2011a), S. 119 f.

296 Zit. Schurz (2011a), S. 119.

297 Schurz (2011a), S. 120.

Phänomene beabsichtigte. Auf diese Weise kann Beliebiges ex post erklärt werden, wobei es sich dabei um Scheinerklärungen handelt. Schurz gibt einen Grund an, dies aus methodologischen Gründen abzulehnen:

> „Der Ex-post-Charakter einer Hypothese äußert sich im Fehlen ihrer Fähigkeit, neue Voraussagen zu machen. Der rationalisierte Kreationismus kann nichts voraussagen, weil die kreationistische Erklärungshypothese nichts über die Natur des Schöpfers aussagt, was darüber hinausgeht, dass er die zu erklärenden Fakten bewirkte."[298]

Es fehlt der Designhypothese demnach an der Fähigkeit, neue Voraussagen zu machen. Diese dürfen hier nicht als im zeitlichen, sondern müssen im epistemischen Sinne verstanden werden. In einem Ex-ante-Argument wird von der Voraussage lediglich verlangt, dass ihre Prämissen bereits vor der Konklusion bekannt waren und die Konklusion aus den Prämissen abgeleitet wurde.[299] Es wird nicht verlangt, dass sich die Konklusion auf die Zukunft bezieht. Tatsächlich ist es im Rahmen eines Ex-ante-Arguments möglich, dass sich die Konklusion als eine zeitliche Voraussage auf die Zukunft oder als eine zeitliche Retrodiktion auf die Vergangenheit bezieht. Dem entspricht Worralls Use-Novelty-Kriterium, nach dem das erklärte Phänomen nicht bei der Konstruktion der erklärenden Hypothese verwendet worden sein darf.

Die Vertreter des ID sind darauf bedacht, die »intelligente Ursache« oder in einer anderen Formulierung den »intelligenten Designer« hinsichtlich der kausalen Mechanismen nicht näher zu charakterisieren, deren er sich bedient.[300] Wir können zunächst feststellen, dass die fehlende Explikation des Kernbegriffs der »intelligenten Ursache« und synonymer Begriffe die Nichterfüllung des Bewertungskriteriums $K_{e,T,5}$ bedeutet, nach dem wissenschaftliche Theorien in einer möglichst klaren wissenschaftliche Sprache formuliert werden sollten. Dies gilt insbesondere, wenn sie kausale Mechanismen bezeichnen, die zur Erklärung herangezogen werden.[301] Was bedeutet die Abwesenheit der Identifikation kausaler Mechanismen für die explanative Kraft der Designhypothese?

Sie wird genau in den Fällen herangezogen, in denen die moderne Evolutionstheorie mutmaßlich keine befriedigenden Antworten liefert. Durch die Abwesenheit wird dafür gesorgt, dass das Postulat einer intelligenten Ursache mit den empirischen Daten nicht in Konflikt stehen kann. Es werden weder zeitliche Retrodiktionen noch zeitliche Voraussagen gemacht, die unabhängig testbar sind und anhand derer die Designhypothese überprüft werden könnte. Die Evolutionstheorie impliziert hingegen nach Schurz viele zeitliche Retrodiktionen, beispielsweise

298 Zit. Schurz (2011a), S. 122.

299 Schurz (2011a), S. 123.

300 Ich schreibe hier »er«, weil der christliche Gott üblicherweise maskulin adressiert wird.

301 Siehe Abschnitt 2.4.2.

Spuren von Fossilien in Gesteinsschichten, die unabhängig überprüfbar sind. Mit unabhängiger Testbarkeit ist hier gemeint, dass die vorgeschlagene Hypothese unabhängig von jenen Tatsachen überprüft werden kann, um deren Erklärung willen sie vorgeschlagen wurde. Die Designhypothese in T_{ID} erfüllt dieses Kriterium nicht.

> „Die Einführung unbeobachtbarer Ursachen zu Erklärungszwecken ist wissenschaftstheoretisch nur dann legitim, wenn eine gleichermaßen gute Erklärung nicht auch ohne solche Annahmen, durch simple induktive Verallgemeinerung von Beobachtungen gegeben werden könnte […].“[302]

Mit anderen Worten, durch die Einführung unbeobachtbarer Ursachen muss ein explantiver Mehrwert erwirtschaftet werden, der über die explanative Funktion einer induktiven Verallgemeinerung hinausgeht. Diese Forderung läuft darauf hinaus, dass wir unbeobachtbare Ursachen nur dann zu Erklärungszwecken heranziehen dürfen, wenn dadurch neue Voraussagen möglich sind, die nicht zur Konstruktion der Hypothese verwendet wurden. Dies bringt Schurz zu der folgenden Formulierung des Voraussagekriteriums (K_{nV}), das als ein Bewertungskriterium in D verwendet werden kann:

> K_{nV}: „Eine Erklärungshypothese, die unbeobachtbare Entitäten einführt, ist nur dann wissenschaftlich legitim, bzw. rational bestätigungsfähig, wenn sie neue potenzielle (nicht zur Konstruktion der Hypothese verwendete) Voraussagen impliziert.“[303]

Zuvor wurde bereits festgestellt, dass die Kritik einer jeden mutmaßlichen Pseudowissenschaft einen spezifischen Katalog von Bewertungskriterien erfordert, weswegen K_{nV} hier nachträglich eingeführt wurde. K_{nV} realisiert außerdem die wissenschaftsinternen Werte E_2 bis E_4, die zuvor angenommen wurden.

Die Designhypothese in T_{ID} ist also kein Kandidat für eine möglichst wahre und gehaltvolle Aussage oder ein Gesetz im Sinne der obersten wissenschaftsinternen Norm Z, da sie nicht rational bestätigungsfähig ist. Vielmehr verstößt ihre Annahme mittelbar oder unmittelbar gegen mehrere wissenschaftsinterne Normen, die wir zuvor als Bewertungskriterien qualifizierten. So erfüllen der Begriff einer »intelligenten Ursache« und seine Synonyme nicht das Kriterium ($K_{e,T,5}$), nach dem wissenschaftliche Theorien in einer möglichst klaren Sprache formuliert werden sollten. Das Anlegen von K_{nV} als Bewertungskriterium zeigt zudem, dass die Designhypothese nicht mit den vier methodologischen Merkmalen (M_1 bis M_4) der empirischen Wissenschaften übereinkommen kann.[304]

Es ist eine interessante Erkenntnis, dass ID als Variante des rationalisierten Kreationismus sehr wohl das Bewertungskriterium $K_{e,T,4}$ erfüllt, nach dem wissenschaftliche Theorien empirisch überprüfbare Konsequenzen besitzen sollten.

---

302 Zit. Schurz (2011a), S. 123.

303 Zit. Schurz (2011a), S. 123.

304 Siehe Abschnitt 2.1.5 und Schurz (2006), S. 29.

Was diese Varianten jedoch nicht besitzen, sind empirische Konsequenzen, die unabhängig überprüfbar sind. K_{nV} zeigt hier, dass dies nicht an der Designhypothese liegt, die ex post angenommen wird, sondern an den Erkenntnissen der empirischen Wissenschaften, die ex ante bekannt sind. Neben dieser Kritik, die sich auf die Designhypothese bezieht, wurde von verschiedenen Philosophen und Wissenschaftlern innerhalb der Argumente i bis iii eine Vielzahl von Verstößen gegen wissenschaftsinterne Normen registriert.[305]

Sowohl das Voraussagekriterium (K_{nV}) von Schurz als auch das Use-Novelty-Kriterium von Worrall ist hinreichend, um die Designhypothese von T_{ID} aus methodologischen Gründen abzulehnen. Um T_{ID} als Pseudowissenschaft identifizieren zu können, muss in einem nächsten Schritt nachgewiesen werden, dass T_{ID} auch eine Täuschungsabsicht involviert. Das hervorstechendste Merkmal von T_{ID}, welches als Täuschung interpretiert werden kann, besteht in der Designhypothese, die als eine allgemeine und gehaltvolle Hypothese präsentiert wird und sich vor dem Hintergrund von K_{nV} als Pseudoerklärung herausstellt. Sie täuscht darüber hinweg, dass der eigentliche Gehalt von T_{ID} nicht in einer positiven Bestimmung der kausalen Mechanismen der intelligenten Ursache besteht, sondern in den drei Argumenten i bis iii, die den größten Raum in den Veröffentlichungen zum ID einnehmen. Darin wird ein Antiselektionismus und Antievolutionismus entwickelt, der sich einer pseudosäkularen Terminologie bedient und nach dem Muster teleologischer Gottesbeweise verfahrend die Begriffe der »intelligenten Ursache« oder des »intelligenten Designers« als Projektionsfläche für religiöse Vorstellungen bereitstellt.[306] Fassen wir die täuschenden Eigenschaften von T_{ID} zusammen, die zu bemängeln sind:

i. Pseudoerklärung durch intelligentes Design
ii. essentieller Antiselektionismus und Antievolutionismus
iii. pseudosäkulare Terminologie

In der vorliegenden Untersuchung wird die Auffassung von Schurz geteilt, dass das Voraussagekriterium eine wirkungsvolle Kritik des rationalisierten Kreationismus ermöglicht, der sich in einer naturwissenschaftsfreundlichen Weise präsentiert.

---

305 Beispielsweise analysieren Gross, Brauer, Forrest und Gey die theologischen und wissenschaftssozialen Charakteristika der Intelligent-Design-Bewegung (Brauer et al. (2005) und Forrest / Gross (2004), wobei diese Autoren an die Kritik von ferner Numbers anschließen (Numbers (1992)). Schurz verteidigt im deutschsprachigen Raum die moderne Evolutionstheorie gegen die Argumente des strengen und des liberalen Kreationismus (Schurz (2011a), S. 71-86 und S. 89-105). Im englischsprachigen Bereich kommentierte beispielsweise Ruse in einer Vielzahl von Beiträgen den modernen Kreationismus (Ruse (1982a), (1982b), (1982c), (1996), (2003), (2006) und (2007)).

306 Vgl. Kitcher (2009), S. 126.

Es zeigt sich zudem, dass die Designhypothese Z nicht realisiert und lediglich die Illusion einer Erklärung erzeugt, die keine weiterreichenden empirischen Konsequenzen besitzt. D. h. wir können feststellen, dass T_{ID} erstens weder hinreichende noch optimale Mittel zur Realisierung von Z verwendet und zweitens eine Täuschungsabsicht involviert. Damit attestieren wir T_{ID} ein systematisches Defizit und bewerten ID als eine Pseudowissenschaft.

3.2.3 Erweiterung der adäquaten Rekonstruktion des ID

Zuvor wurde in Anwendung von H_1 bis H_4 eine adäquate Rekonstruktion (T_{ID}) des ID vorgeschlagen und hinsichtlich ihres wissenschaftlichen Status bewertet. Dabei wurde T_{ID} ein systematisches Defizit nachgewiesen, weil die Designhypothese eine ex-post-Erklärung (Pseudoerklärung) ist, die sich einer rationalen Bestätigung entzieht (K_{nV}), und T_{ID} zudem in mehrfacher Hinsicht eine Täuschungsabsicht erkennen lässt. Die Beschränkung dieser Kritik auf die Designhypothese in T_{ID} bedeutet für die Validität des Bewertungsergebnisses keinen Mangel, weil an ID gemäß des fundamentalen wissenschaftsinternen Werts Z der Anspruch gestellt werden durfte, möglichst wahre und gehaltvolle Aussagen, Gesetze oder Theorien über einen bestimmten Gegenstandsbereich zu formulieren. Es wurde gezeigt, dass T_{ID} diesem Anspruch nicht erfüllen kann, insofern die Designhypothese daran scheitert. Die Berücksichtigung des negativen Gehalts von T_{ID} könnte dieses Ergebnis nicht aufheben, sondern würde es weiter differenzieren und positiv bestärken, da die Argumente i bis iii des negativen Teils von T_{ID} im Wesentlichen als Kritik etablierter Erklärungsmuster der Naturwissenschaften und teleologische Gottesweise in wissenschaftsfreundlicher Terminologie zu begreifen sind.

In den folgenden Unterabschnitten werden wir die adäquate Rekonstruktion T_{ID} gemäß H_3 und H_4 erweitern und wiederum einer Kritik unterziehen. Dabei werden wir einen anderen Katalog von Bewertungskriterien anwenden, nämlich verhaltensbezogene Kriterien ($K_{e,V}$- und $K_{\neg e,V}$-Kriterien). Folglich werden wir auch bei der Erweiterung der adäquaten Rekonstruktion T_{ID} zu T_{ID+} Merkmale des ID erfassen, die mit individuellem oder kollektiven Verhalten seiner Vertreter assoziiert sind und nicht unmittelbar dem Begründungszusammenhang zugeordnet werden können. Dieses Vorgehen wurde zuvor begründet, als es um die nachrangige Analyse und Kritik des Entstehungs- und des Verwertungszusammenhangs einer mutmaßlichen Pseudowissenschaft und die Verwendung von verhaltensbezogenen Bewertungskriterien ging.[307] T_{ID+} wird ebenso wie T_{ID} unvollständig bleiben müssen, um den Rahmen der Untersuchung nicht zu sprengen. Dennoch

307 Siehe Abschnitte 2.2 und 2.4.3.

werden wir zu einer hinreichend begründeten Bewertung von T_{ID+} gelangen, wenn wir T_{ID} beispielhaft um zwei Gesichtspunkte erweitern, welche die Publikationspraxis innerhalb der Intelligent-Design-Bewegung betreffen.

Die Vertreter des ID betonen, dass es sich bei der Designhypothese um eine wissenschaftliche Hypothese handeln würde und die Intelligent-Design-Bewegung nicht als eine politische Bewegung, sondern als eine interdisziplinäre Forschungsströmung zu verstehen sei. Um diese Ansicht zu bewerten, sollten wir ihre individuelle und kollektive Publikationspraxis betrachten. Diese gibt über den Status der Diskussion der Designhypothese in der naturwissenschaftlichen und philosophischen Forschung Auskunft und lässt zudem Rückschlüsse auf die Forschungspraxis des ID zu. Diesbezüglich fallen zwei Dinge auf:

i. Die Abwesenheit von Publikationen in unabhängigen naturwissenschaftlichen Fachzeitschriften mit Peer Review und Doppelblindgutachten.
ii. Die Publikation von Schulbüchern und Lehrmaterialien.

Mit Veröffentlichungen sind hier Beiträge von Vertretern des ID gemeint, in denen für die Designhypothese argumentiert wird. Wiederholt sei darauf hingewiesen, dass der epistemische Status von T_{ID} und respektive von T_{ID+} nicht durch den Verweis auf die Publikationspraxis bewertet wird. Vielmehr geht es hier um die allgemeinere Frage, ob es sich beim ID um eine Wissenschaft oder eine Pseudowissenschaft handelt, und um die Erweiterung der Bewertung, die auf der Grundlage der vorangegangenen Abschnitte gefällt wurde. Ich kontrastiere die Publikationspraxis im Zusammenhang des ID im Folgenden mit der Publikationspraxis in den Naturwissenschaften, weil ID zumeist als exklusive Alternative gegenüber der modernen Evolutionstheorie präsentiert wird.

Die Abwesenheit von Publikationen in unabhängigen naturwissenschaftlichen Fachzeitschriften mit Peer Review und Doppelblindgutachten, d. h. der Begutachtung von eingereichten Artikeln durch Fachkollegen unter der Bedingung der wechselseitigen Anonymität von Autor und Gutachter, ist sicher der größte Unterschied zwischen der Publikationspraxis der ID-Bewegung und derjenigen der Forschergemeinschaft der Evolutionsbiologen. Die moderne Forschungspraxis der Naturwissenschaften sieht letztendlich die Veröffentlichung von Forschungsergebnissen in naturwissenschaftlichen Fachzeitschriften vor. Die Bedeutsamkeit von Forschungsergebnissen für Fachdiskussionen und die individuelle Qualifikation von Wissenschaftlern wird dabei von ihren Publikationen in wissenschaftlichen Fachzeitschriften mit Peer Review und deren Zitation abhängig gemacht.

Im Zusammenhang des ID, das als eine wissenschaftliche und genauer naturwissenschaftliche Theorie vorgestellt wird, die als Antithese gegenüber der Evolutionstheorie zu gelten hat, ist zu bemerken, dass es keine Publikationen in naturwissenschaftlichen Fachzeitschriften gibt, die rigorose Maßnahmen der

Qualitätssicherung voraussetzen.[308] Demgegenüber gibt es eine Vielzahl von Publikationen in naturwissenschaftlichen Zeitschriften mit Peer Review die die negativen Argumente des ID widerlegen.[309] Diese Asymmetrie gilt es zu bedenken, wenn die Auffassung geäußert wird, dass es sich bei der Designhypothese des ID um einen Diskussionsgegenstand der naturwissenschaftlichen Forschung handeln würde. Behe, dessen Argument der nichtreduzierbaren Komplexität bereits angesprochen wurde, äußerte sich dazu im Prozess *Tammy Kitzmiller, et al. gegen Dover Area School District, et al.* um die Berücksichtigung des ID im Naturwissenschaftsunterricht des genannten Schulbezirks ging. Er gab vor Gericht an, dass es keine Publikationen in naturwissenschaftlichen Fachzeitschriften zu verzeichnen gibt, in denen die kausalen Mechanismen identifiziert werden, die für die Entstehung nicht nichtreduzierbar komplexen Strukturen verantwortlich sind:

> "Q. Now you have never argued for intelligent design in a peer reviewed scientific joural, correct?
> A. No, I [Behe] argued for it in my book.
> Q. Not in a peer review scientific journal?
> A. That's correct.
> Q. And, in fact, there are no peer reviewed articles by anyone advocating for intelligent design by pertinent experiments or calculations which provide detailed rigorous accounts of how intelligent design of any biological system occurred, is that correct?
> A. That is correct, yes."[310]

Diese Feststellung charakterisiert die Publikationspraxis der gesamten Intelligent-Design-Bewegung und wird noch durch die Feststellung von Brauer, Forrest und Gey verschärft, die auf die Gründung von Forschungszeitschriften im Dienste des ID hinweisen, in denen Maßnahmen der Qualitätssicherung systematisch unterminiert werden.[311]

> "*Progress in Complexity, Information and Design* ("PCID") is published by Dembski's *International Society for Complexity, Information, and Design* („ISCID"), founded in 2001. ISCID fellows are drawn almost exclusively from ID proponents. Papers are submitted through ISCID's online archive for discussion in its "Brainstorms" forums „for disussing novel intuitions, speculations, hypotheses, conjectures, arguments, and data related to complex systems that have yet to be developed into full-fledged research projects." [...] It is open to the public with registration and permits pseudonymous discussants. Submissions can be

---

308 Brauer / Forrest / Gey (2005), S. 55. und S. 94.

309 Beispielsweise ist im Urteil zum Prozess *Tammy Kitzmiller, et al. gegen Dover Area School District, et al.* von Richter John. E. Jones dies zu lesen, was die These der nichtreduzierbaren Komplexität betrifft: "We therefore find that Professor Behe's claim for irreducible complexity has been refuted in peer-reviewed research papers and has been rejected by the scientific community at large." (Zit. aus Ruse / Pennock (2009, Hg.), S. 526.)

310 Transcript der Expertenbefragung von Michael Behe am 19. Oktober 2005. (http://www.talkorigins.org/faqs/dover/day12am.html abgerufen am 3. September 2012).

311 Brauer / Forrest / Gey (2005), S. 95.

published in PCID on the recommendation of only one of ISCID roughly fifty fellows, who comprise the editorial board."[312]

Diese Vorgehen ermöglicht einen Bias zugunsten des ID, insofern kein Peer Review durch unabhängige Wissenschaftler erfolgt, sondern im Binnenbereich der Forschergemeinschaft des ID eine unverbindliche Pseudobegutachtung durch Gleichgesinnte erfolgt. Zu diesem Ergebnis kommt auch Schurz, der den Wert des Kriteriums der Verwendung von Peer Review zur Bewertung des wissenschaftlichen Status einer Theorie bezweifelt, falls die Gutachter nicht unabhängig sind:

"It is rahter doubtfull whether the consent that a creationist writing earns from other creationists is an indivation of its scientific character [...]."[313]

Zudem weisen die Brauer, Forreest und Gey darauf hin, dass Behe und Dembski, zwei prominente Exponenten des ID, die Veröffentlichung von Forschungsergebnissen in (unabhängigen) wissenschaftlichen Zeitschriften mit Peer Review vermeiden und damit die Designhypothese der systematischen Bewertung durch kritische Fachkollegen entziehen.[314] Dieses Vorgehen zeigt sich auch darin, dass im Zusammenhang von Konferenzen, Workshops und Kolloquien die Konzepte des ID nicht vorgestellt werden, falls das Publikum aus Kritikern besteht. Dies gilt auch dann, wenn die Vertreter des ID selbst Mitglieder von wissenschaftlichen Vereinigungen sind, die Vortragsmöglichkeiten einräumen.[315]

Die Ablehnung der traditionellen Publikationspraxis in den Naturwissenschaften durch die zentralen Vertreter des ID wirft die Frage auf, mit welcher Berechtigung trotz der Abwesenheit von Beiträgen in naturwissenschaftlichen Fachzeitschriften Materialien für den Schulunterricht (Primarstufe I und Sekundarstufen I / II) veröffentlicht werden.[316] Im englischsprachigen Raum ist hier besonders *Of Pandas and People: The Central Question of Biological Origins* von Percival Davis und Dean Kenyon zu nennen, das erstmals 1989 und dann in einer zweiten Auflage 1993 veröffentlicht wurde.[317] Eine dritte Auflage dieses Buches erschien in einer revidierten Fassung unter dem Titel *The Design of Life: Discovering Signs of Intelligence in Biological Systems*, herausgegeben von William Dembski und Jonathan Wells.[318] Im deutschsprachigen Raum haben

312 Zit. Brauer / Forrest / Gey (2005), S 95 (Fußnote 374).

313 Zit. Schurz (2012), S. 168.

314 Brauer / Forrest / Gey (2005), S. 96.

315 Ebenda.

316 Vgl. Elsberry / Shallit (2011), S. 238. (Die Autoren stellen fest, dass William Dembski, dessen wahrscheinlichkeits- und informationstheoretischen Argumente sich im Wesentlichen als negative (antiselektionistische) Argumente typisieren lassen, eine Publikation in einer mathematischen Fachzeitschrift aufzuweisen hat.)

317 Davies / Kenyon (1993).

318 Dembski / Wells (2006).

beispielsweise Reinhard Junker und Siegfried Scherer unter dem Titel *Evolution – Ein kritisches Lehrbuch* ein kreationistisches Schulbuch herausgegeben, welches mittlerweile in der sechsten Auflage erschienen ist.[319]

Die Bewegung des ID weist somit, ohne damit eine disqualifizierende Wertung zu verbinden, eine Publikationspraxis auf, die von der traditionellen Praxis in den Naturwissenschaften abweicht. Ausgehend von dieser Erkenntnis würde niemand darauf schließen wollen, dass die Designhypothese keine wissenschaftliche Hypothese ist oder die negativen Argumente des ID unbegründet seien. In der vorliegenden Untersuchung wird dies auch nicht vertreten, denn zuvor wurde die Frage nach dem epistemischen Status einer mutmaßlich pseudowissenschaftlichen Theorie explizit von der Frage nach dem wissenschaftlichen Status unterschieden. Die Erweiterung der adäquaten Rekonstruktion T_{ID} zu T_{ID+} sollte lediglich die Anwendbarkeit von D und insbesondere der Bewertungsheuristik belegen. Bei der Erweiterung der adäquaten Rekonstruktion einer mutmaßlichen Pseudowissenschaft können schrittweise weitere Gesichtspunkte herangezogen werden, die der Kritik durch verhaltensbezogene Bewertungskriterien fähig sind.[320]

Wir können diese Merkmale, die eine zwanglose Erweiterung der rationalen Rekonstruktion T_{ID} sind, in der gewohnten Weise als T_{ID+} notieren und werden sie im nächsten Unterabschnitt mit den verhaltensbezogenen Kriterien bewerten, um ein umfassenderes Bild des wissenschaftlichen Status des ID zu erhalten. Dabei tragen wir das Merkmal (1) der Abwesenheit von Veröffentlichungen in naturwissenschaftlichen Fachzeitschriften im EZ ein, weil es letztendlich bedeutet, dass die zentralen Vertreter des ID nicht daran interessiert scheinen, die Designhypothese einem Fachpublikum vorzustellen, um sie von unabhängigen Experten untersuchen zu lassen, und das Merkmal (2) der Veröffentlichung von Schulbüchern für die Sekundarstufe II im VZ, weil neue Forschungsergebnisse üblicherweise erst nach ihrer Verbreitung und allgemeinen Akzeptanz durch die Forschergemeinschaft in der außeruniversitären Schulbildung berücksichtigt werden:

T_{ID+}: ⟨ EZ: { Abwesenheit von Veröffentlichungen in naturwissenschaftlichen Fachzeitschriften mit Peer Review } ; BZ: { T_{ID} } ; VZ: { Veröffentlichung von Schulbüchern } ⟩

319 Junker / Scherer (2006).

320 Diese Erweiterung ist natürlich sehr unvollständig und eine adäquate Analyse würde weitere Merkmale erfassen müssen, um der Bewegung des ID gerecht zu werden. Wie gesagt geht im dritten Teil der vorliegenden Untersuchung um den Nachweis der Anwendbarkeit der Bewertungsheuristik H_1 bis H_4 und nicht etwa um eine erschöpfende Kritik des ID. Die Möglichkeit der Anwendung einer systematischen Rekonstruktion und Kritik, wie sie mit der Bewertungsheuristik (H_1 bis H_4) vorgeschlagen wurde, zeigt auch, dass pauschalisierende Abwertungen des Begriffs der Pseudowissenschaft übervereinfachend und letztlich inakzeptabel sind.

3.2.4 Kritik der Erweiterung der adäquaten Rekonstruktion des ID

Wir haben mit T_{ID+} eine Erweiterung der adäquaten Rekonstruktion T_{ID}, die zwei Merkmale des ID auflistet, die für eine tiefergreifende Analyse und Kritik relevant sind. Auch wenn diese Erweiterung höchst unvollständig ist, können wir durch das Anlegen der verhaltensbezogenen Bewertungskriterien die Bewertung von T_{ID} als Pseudowissenschaft ergänzen und damit die Anwendbarkeit der Bewertungsheuristik (H_1 bis H_4) von D belegen. Zudem zeigt sich dadurch, dass es sich bei den beiden Komponenten des systematischen Defizit von Pseudowissenschaft um holistische Phänomene handeln, die durch die Anwendung einer Vielzahl von Bewertungskriterien festgestellt werden können.[321] T_{ID+} wurde so formuliert:

> T_{ID+}: ⟨ EZ: { Abwesenheit von Veröffentlichungen in naturwissenschaftlichen Fachzeitschriften mit Peer Review } ; BZ: { T_{ID} } ; VZ: { Veröffentlichung von Schulbüchern } ⟩

Wir können schnell ausmachen, welche wissenschaftsinternen Normen in T_{ID+} nicht erfüllt werden. Die Publikationspraxis der Intelligent-Design-Bewegung entspricht offenbar nicht den etablierten Standards der wissenschaftlichen Kommunikation, was unter dem Bewertungskriterium ($K_{\neg e,V,1}$) erfasst wurde. Natürlich könnte die Auffassung vertreten werden, dass neue interessante Forschungsergebnisse auch in privaten, populärwissenschaftlichen oder fachfremden Veröffentlichungen publik gemacht werden können, weswegen hier von einem nicht-epistemischen Bewertungskriterium gesprochen wird. Die bloße Tatsache, dass ein Artikel in einer wissenschaftlichen Zeitschrift mit Peer Review veröffentlicht wurde, heißt nur, dass er die etablierten Standards wissenschaftlicher Forschung erfüllt und folglich sein Inhalt zur Diskussion gestellt werden kann. Die Frage ist vielmehr, warum die Vertreter des ID seit mehr als 20 Jahren die Chance versäumen, die Designhypothese in den traditionellen Medien der naturwissenschaftlichen Forschung zur Diskussion zu stellen, obwohl sie mit dem Anspruch auftreten, dass es sich beim ID um eine überlegene oder zumindest ebenbürtige Alternative zur modernen Evolutionstheorie handelt. Diese Praxis, die im Einzelnen von Behe und Dembski zugegeben wurde (s.o.), scheint nicht nur ein Merkmal des individuellen Verhaltens einiger Vertreter des ID zu sein, sondern eine Eigenschaft der Gesamtheit der Vertreter, die sich beharrlich weigern, ihre Theorien und Hypothesen einer kritischen Prüfung durch unabhängige Fachkollegen zu unterziehen. Die Bereitschaft zu einer solchen Prüfung wird von dem Bewertungskriterium $K_{e,V,5}$ erfasst.

---

321 Siehe Abschnitt 2.2. (Die zwei Komponenten des systematischen Defizits von Pseudowissenschaft sind (i) die Verwendung von nicht hinreichenden oder nicht optimalen Methoden zur Findung von möglichst wahren und gleichzeitig gehaltvollen Aussagen, Gesetzen und Theorien über einen empirischen Gegenstandsbereich – d. h. die Nichtrealisierung von Z – und (ii) das Vorhandensein einer Täuschungsabsicht.)

Die Feststellung bezüglich der Publikationspraxis harmoniert mit der Erfahrung, die jeder gemacht haben dürfte, der sich mit dem Intelligent Design oder dem modernen Kreationismus insgesamt beschäftigt und darüber mit Naturwissenschaftlern und insbesondere Biologen sprach. Die häufigste Reaktion ist – zumindest meiner Erfahrung nach – ein Schulterzucken. ID spielt unter Naturwissenschaftlern schlicht keine Rolle, weil es keine dokumentierte Forschungspraxis der Intelligent-Design-Bewegung gibt, die in naturwissenschaftlichen Fachzeitschriften veröffentlicht wurde. ID ist kein Thema in der Naturwissenschaften und der Sache nach, auch keine Alternative zur modernen Evolutionstheorie, was die Kritik von T_{ID} zeigte, sondern allenfalls ein Thema in philosophischen, populärwissenschaftlichen oder wissenschaftsexternen Diskursen. Glenn Branch weist in diesem Zusammenhang darauf hin, dass die Intelligent-Design-Bewegung zum überwiegenden Teil aus Philosophen und fachfremden Wissenschaftlern besteht, die in philosophischen Fachzeitschriften publizieren.[322] Zwar verwenden diese Fachzeitschriften ebenfalls Peer-Review zur Qualitätssicherung, aber die Gutachter sind üblicherweise keine Naturwissenschaftler, weswegen ID hier weniger Ablehnung erfährt.[323] Über diesen Sachverhalt täuscht auch nicht hinweg, dass die Vertreter des ID ihre Argumente und insbesondere die Designhypothese in Form von Schulbüchern an Kinder herantragen, gegenüber denen Natur- und Geisteswissenschaftler auf der einen, sowie Bildungspolitiker auf der anderen Seite in der Verantwortung stehen.[324] Die Absurdität dieses Verhaltens, nach dem der Adressat der Kommunikation spekulativer Hypothesen mit wissenschaftlichem Anspruch in minderjährigen Personen ohne abgeschlossene Schulbildung gesehen wird, ist ganz offensichtlich.

ID sollte nicht im Biologieunterricht gelehrt werden, weil die Designhypothese eine Pseudoerklärung ist, die nicht rational bestätigt werden kann. Außerdem sollte die Kontroverse um ID kein Gegenstand von biologischen Lehrplänen sein, weil sie kein Teil des naturwissenschaftlichen Diskurses ist. Vielmehr handelt es sich um ein philosophisches Thema, welches allenfalls im Zusammenhang wissenschaftstheoretischer Lehreinheiten im Philosophieunterricht der Oberstufe angesprochen werden kann, falls das notwendige Wissen um die biologischen Zusammenhänge bei den Schülern vorausgesetzt werden kann.

Mit der Publikation von neokreationistischen Schulbüchern täuscht die Intelligent-Design-Bewegung systematisch über den Ort der Diskussion der Designhypothese hinweg. Mehr noch, sie wirft die unangenehme Frage auf, ob nicht der

---

322 Branch (2011), S. 174.

323 Vgl. Schurz (2012), S. 168.

324 Es könnte sogar diskutiert werden, ob die Einbeziehung der Vertreter des Intelligent Design in die philosophische Forschung, obwohl sie geboten ist, um die philosophische Relevanz ihrer Überlegungen zu diskutieren, nicht einem Phyrrussieg gleichkommt.

Schluss von der Abwesenheit von dokumentierter empirischer Forschung in naturwissenschaftlichen Fachzeitschriften mit Peer Review, die sich zumindest um ein grundlegendes Verständnis der kausalen Mechanismen der intelligenten Ursache bemühen müsste, auf die Abwesenheit von empirischer Forschung innerhalb der Intelligent-Design-Bewegung gerechtfertigt ist. Dieser Schluss bedarf sicher einer sehr viel umfassenderen Rekonstruktion des ID, weswegen er hier nicht gezogen wird.

Wir verbleiben stattdessen mit der Feststellung, dass auch die partielle und provisorische Erweiterung T_{ID+} von T_{ID}, die individuelles und kollektives Verhalten der Vertreter des ID in den Blick nimmt, tiefere Einblicke gewährt und die Bewertung dieser Variante des modernen Kreationismus als Pseudowissenschaft noch bestärkt. Dabei zeigte sich im Einzelnen, dass die Publikationspraxis innerhalb der Intelligent-Design-Bewegung nicht der üblichen Praxis in den Naturwissenschaften entspricht, wovon auf die kollektive Abwesenheit der Bereitschaft zur unabhängigen Prüfung der Designhypothese auf Seiten ihrer Vertreter geschlossen werden kann. Zudem kann mit guten Recht die Ansicht vertreten werden, dass die Publikation von kreationistischen und evolutionskritischen Schulbüchern eine intendierte Falschdarstellung des wissenschaftlichen Status der Designhypothesen bedeutet.

3.2.5 Bewertungsergebnisse

Die Anwendbarkeit von D und insbesondere der Bewertungsheuristik (H_1 bis H_4) wurde hier anhand der Bewertung des wissenschaftlichen Status des ID belegt. Damit können zwei Ergebnisse festgehalten werden: Einerseits kann vom Intelligent Design aus guten Gründen gesagt werden, dass es sich um eine Pseudowissenschaft handeln, insofern sowohl in T_{ID} als auch in T_{ID+} Belege für das Vorhandensein eines systematischen Defizits gefunden wurden. Andererseits konnte durch die Anwendung der vier Schritte der Bewertungsheuristik gezeigt werden, dass der Begriff der Pseudowissenschaft vor dem Hintergrund von D nicht nur ein Demarkations- und Stigmatisierungsbegriff ist, der sich in der Funktion erschöpft, bestimmte Personen oder Personenkreise in einer illegitimen Weise zu diskriminieren. Vielmehr ist er, wenn die normative Praxis seiner Anwendung bedacht wird, einer epistemologischen Fundierung fähig, die in den philosophischen Annahmen von Schurz zu sehen ist.

Dem Leser wird aufgefallen sein, dass sowohl die rekonstruierenden als auch die kritisierenden Schritte unvollständig geblieben sind. Dies hat hoffentlich nicht den Eindruck erweckt, die Anwendung von D würde es sich mit der Bewertung des wissenschaftlichen Status von T_{ID} leicht machen. Die Beschränkung war nötig, um den Umfang der Untersuchung nicht vollends zu sprengen. Zudem wurde sie einerseits durch die funktionale Anforderung gerechtfertigt, hauptsächlich die Anwendbarkeit von D zu belegen und andererseits durch die Überlegung begründet, dass eine hinreichend ausführliche Kritik auch zu einem hinreichend bestätigten Bewertungsergebnis führe. Die Unvollständigkeit korrespondiert mit der prinzipiellen Überlegung, die zuvor im Zusammenhang des systematischen Defizits von Pseudowissenschaften angesprochen wurde. Die beiden Komponenten des systematischen Defizits sind holistische Phänomene. Damit ist gemeint, dass die vielen wissenschaftsinterne Normen, von denen zuvor einige genannt und vor dem Hintergrund der philosophischen Annahmen von Schurz plausibilisiert wurden, nötig sind, um die spezifische Differenz einer bestimmten Pseudowissenschaft zu unseren generellen Vorstellungen von guter wissenschaftlicher Praxis zu bestimmen. Dass hier bestimmte wissenschaftsinterne Normen in der Anwendung von D nicht als Bewertungskriterien verwendet wurden, obwohl dies möglich gewesen wäre, bedeutet nicht, dass ID sich nicht auch weiterer Verstöße gegen die gute wissenschaftliche Praxis schuldig macht und sich damit als Wissenschaft diskreditiert.

3.3 Kommentar zum Synthese-Vorfall

In D gingen wir von verschiedenen philosophischen Annahmen aus, worunter sich auch die von Schurz präzisierte Wertneutralitätsforderung (W) befand, wonach der Begründungszusammenhang von Wissenschaft frei von fundamentalen wissenschaftsexternen Wertannahmen sein sollte. Diese Norm schlägt sich in abgeleiteten Normen nieder, nach denen beispielsweise keine ad-hominem-Argumente verwendet werden dürfen, um Wissenschaftler mit anderen Überzeugungen zu diskreditieren. Nun ist die Formulierung solcher Normen sicher ein wichtiger Anwendungsbereich der allgemeinen Wissenschaftstheorie und ihre Einhaltung für den rationalen Diskurs wissenschaftlicher Themen unabdingbar. Dennoch stellt sich die Frage, wie in konkreten Fällen damit umgegangen werden sollte, wenn beispielsweise die akademischen Qualifikationen oder religiösen Überzeugungen von »gegnerischen Wissenschaftlern« ins Feld geführt werden, deren unliebsame Ansichten es zu kritisieren gilt. Anhand des sog. »Synthese-Skandals« können wir genau dies untersuchen. Der folgende Kommentar kann als eine Ergänzung zu 3.2.3. und 3.2.4. gelesen werden, der die Eskalation einer philosophischen Debatte vor Augen führt. Ich werde zunächst die Ereignisse des sog. »Synthese-Skandals« schildern, von dem besser als »Synthese-Vorfall« gesprochen werden sollte, und dann werde ich auf die Frage eingehen, was als das Skandalon des Vorfalls aufgefasst werden kann.

2011 wurde in der traditionsreichen Fachzeitschrift für Erkenntnistheorie, Logik und Wissenschaftstheorie *Synthese*, in der Philosophen wie Willard Van Orman Quine, Donald Davidson, Thomas Nagel oder Harry Frankfurt veröffentlicht haben, ein Sonderband unter dem Titel *Evolution and Ist Rivals* herausgegeben.[325] Die Gasteditoren dieses Sonderbandes waren Glenn Branch und James Fetzer. Der Band umfasste zehn Artikel von verschiedenen Kritikern des wissenschaftlichen Kreationismus und Intelligent Design, die Autoren waren Glenn Branch, Robert Pennock, John Wilkins, Kelly Smith, Wesly Elsberry und Jeffrey Shallit, Bruce Weber, Sahotra Sarkar, Niall Shanks und Keith Green, James Fetzer und Barbara Forrest, deren Beitrag im Zentrum des Vorfalls steht.[326] Die Artikel wurden bereits im März 2009 online und im Januar 2011 in einer Druckausgabe veröffentlicht.

In den Artikeln ging es primär um die Fragen, was der wissenschaftliche Status des modernen Kreationismus ist und wie mit kreationistischen Argumenten verfahren werden sollte. Die Autoren untersuchten beispielsweise, inwiefern zwischen Wissenschaft und Religion unterschieden werden kann (Pennock), ob der Erwerb oder der Besitz kreationistischer Glaubenssysteme rational ist (Wilkins), ob Dembskis Argumente für die Existenz von spezifizierter Komplexität fehlerhaft sind (Elsberry / Shallit) oder inwiefern es sich bei der Designhypothese des ID um ein teleologisches Konzept handelt (Weber).[327]

Unter den Beiträgen befand sich auch ein Artikel der Philosophin Barbara Forrest, die an der Southeastern Louisiana University in Hammond, Louisiana lehrt. Forrest ist eine bekannte Kritikerin der Intelligent-Design-Bewegung, die zahlreiche Veröffentlichung zu diesem Thema vorzuweisen hat und im Prozess Kitzmiller vs. Dover Area School District als Sachverständige aussagte.[328] Zusammen mit Paul Gross schrieb sie *Creationism's Trojan Horse: The Wedge of Intelligent Design* (2004), das an Ronald Numbers *The Creationists* (1992) anschließt.[329] Ihre Sachverständigenaussagen waren für die Verhandlung entscheidend, weil sie anhand von unveröffentlichten Fassungen von *Of Pandas and People* belegen konnte, dass der Begriff des »intelligent design« den theologischen Schöpfungsbegriff des bibeltreuen Kreationismus verschleiert.[330]

In "The Non-Epistemology of Intelligent Design: It's Implication for Public Policy", kritisiert Forrest den christlichen Philosophen Francis Beckwith, der für

---

325 Synthese, Volume 178, 2. (Januar, 2011).

326 http://www.springerlink.com/content/0039-7857/178/2/, abgerufen am 6. September 2011.

327 Pennock (2009); Wilkins (2011); Elsberry / Shallit (2011); Weber (2011).

328 Vgl. Part III in Ruse / Pennock (2009, Hg.), insbesondere Matzke (2009) und Brauer et al. (2005).

329 Vgl. Forrest / Gross (2004); Numbers (1992).

330 Das abschließende Urteil ist auszugsweise in Ruse / Pennock (2009, Hg.) wiedergeben. Siehe darin S. 512.

die Verfassungskonformität der Lehre des ID an öffentlichen Schulen in den USA eintritt. In ihrem Beitrag untersucht sie, inwiefern die Vertreter des ID daran scheitern, eine funktionale Epistemologie zu formulieren, um den methodologischen Supernaturalismus der Designhypothese zu begründen. Sie konzentriert sich dabei auf Beckwith, weil sich dieser insbesondere durch Publikationen über die bildungspolitischen und rechtlichen Fragen bezüglich der Lehre des modernen Kreationismus hervortat.[331] Dabei belegt sie detailliert, dass Beckwith die philosophischen Ansichten von Phillip Johnson und William Dembski teilt, die energische Kritiker des methodologischen Naturalismus in den empirischen Wissenschaften sind, und Beckwith selbst eine theologischen Exklusivismus vertritt, der die Etablierung theokratischer Strukturen impliziert.[332]

Nun rief der Artikel verschiedene Kritiker auf den Plan, die bei den Chefeditoren von SYNTHESE bemängelten, dass Forrest die Positionen der Vertreter des ID falsch wiedergeben und sich eines inakzeptablen Tonfalls bedienen würde. Beispielsweise stelle Forrest nach Hendricks, der die Kritik an die Autorin weiterleitete, Dembskis ablehnendes Argument gegenüber dem methodologischen Naturalismus als Zirkelschluss zugunsten des ID dar.[333] Demgegenüber sieht Hendricks bei Dembski keinen Zirkelschluss, sondern ein ebenfalls kritikwürdiges Argument, nach dem der methodologische Naturalismus ohne die Annahme von Wundern nicht bestätigungsfähig sei. Forrest wurde dementsprechend bereits aus fachlichen Gründen geraten, ihren Beitrag zu revidieren, wovon die Autorin absah. Zudem wurden Passagen bemängelt, in denen Forrest beispielsweise die akademischen Qualifikationen von Beckwith anspricht.

Der Rechtsphilosoph Brian Leiter konnte nachweisen, dass diese Kritik direkt an die damaligen Chefeditoren von *Synthese*, nämlich Vincent Hendricks, Johan van Bentham und John Symons herangetragen wurde.[334] Diese sahen sich veranlasst, weil Forrest von der eingeräumten Möglichkeit der Revision ihres Beitrages absah, in einem Vorwort zur Druckfassung auf die Einhaltung der akademischen Standards wissenschaftlicher Kommunikation zu verweisen.[335]

331 Forrest (2011), S. 334.

332 Forrest (2011), S. 334 – 366 und S. 366 – 374.

333 Vgl. http://leiterreports.typepad.com/blog/2011/05/the-letter-2-of-the-3-synthese-editors-in-chief-sent-to-barbara-forrest-after-being-lobbied-by-beckw.html, abgerufen am 5. Oktober 2012.

334 Leiter hat zum Synthesevorfall eine Reihe von Kommentaren verfasst: http://leiterreports.typepad.com/blog/2011/04/synthese-editors-cave-in-to-pressure-from-the-intelligent-design-lobby.html, abgerufen am 6. September 2012.

335 Das Vorwort liegt nicht der Onlinefassung bei, sondern nur der Druckfassung. Dieses Vorgehen ist fragwürdig, weil in manchen Fachbibliotheken nur die einzelnen Artikel der Fachzeitschriften archiviert und in Sammelbänden neu gebunden werden. So wurde das Vorwort der Chefeditoren beispielsweise von den Bibliothekaren der Universität- und Landesbibliothek Düsseldorf nicht archiviert.

"Statement from the Editors-in-Chief of Synthese

This special issue addresses a topic of lively current debate with often strongly expressed views. We have observed that some of the papers in this issue employ a tone that may make it hard to distinguish between dispassionate intellectual discussion of other views and disqualification of a targeted author or group.

We believe that vigorous debate is clearly of the essence in intellectual communities, and that even strong disagreements can be an engine of progress. However, tone and prose should follow the usual academic standards of politeness and respect in phrasing. We recognize that these are not consistently met in this particular issue. These standards, especially toward people we deeply disagree with, are a common benefit to us all. We regret any deviation from our usual standards.

Johan van Benthem
Vincent F. Hendricks
John Symons

Editors-in-Chief / Synthese"[336]

Mit diesem Vorgehen übergingen die Chefeditoren von *Synthese* die Gasteditoren der Ausgabe, die sich auf Nachfrage von Leiter über die editorische Praxis ihrer Kollegen beschwerten.[337] Es ist zu vermuten, dass deren Vorgehen von Hendricks forciert wurde, der auch den Kontakt zu Forrest suchte und die Kritik übermittelte.

Am Vorwort sind zwei Dinge bemerkenswert: Zum Einen wird von einigen Artikeln gesprochen, die gegen die Standards wissenschaftlicher Kommunikation verstoßen würden, und zum Anderen bitten die Chefeditoren um Entschuldigung, weil diese Standards ihrer Ansicht nach nicht erfüllt wurden. Leiter, der am 18. April 2011 über den Vorfall zu berichten begann, konnte in privater Korrespondenz mit Forrest konkretisieren, dass sich die Beschwerden ausschließlich auf ihren Beitrag bezogen.[338] Dementsprechend unterstellt diese Formulierung, dass verschiedene Autoren gegen die etablierten Standards wissenschaftlicher Kommunikation verstoßen hätten. Was die Frage aufwirft, warum die Artikel dann dennoch veröffentlicht wurden. Kritisiert wurde in erster Linie, dass Forrest auch die individuellen akademischen Qualifikationen von Beckwith anspricht. Gemeint ist beispielsweise diese Passage:

"Although he [Beckwith] has been called a legal scholar [...], he is neither a lawyer nor, properly speaking, a constitutional scholar. He lacks the requisite credentials and expertise, holding degrees in philosophy, religious apologetics, and a Master of Juridical Studies (M.J.S.) from the Washington University School of Law (the Discovery Institute financed Beckwith's research for the M.J.S. with a $ 9000 fellowship [...]. The M.J.S., is designed for individuals in career field who would benefit from limited legal training and do not require a professional degree ... [C]redit earned toward the MJS is not transferable to the JD program. It also does not qualify

336 Zit. Benthem / Hendricks / Symons (2011), S. 170.

337 Vgl. http://leiterreports.typepad.com/blog/2011/04/synthese-editors-cave-in-to-pressure-from-the-intelligent-design-lobby.html, abgerufen am 6. September 2012. (Erster Absatz der eingefügten Email von Glenn Branch an Brian Leiter).

338 Einträge vom 18. April 2011, 22. April 2011 und 1. Mai 2011 auf http://leiterreports.typepad.com.

recipients to practical law'. Nontheless, he presents his major pro-ID arguments in two law review articles [...] and a book, LAW, DARWINISM, AND PUBLIC EDUCATION [...]"[339]

Die Frage, ob es sich dabei um einen Verstoß gegen die üblichen Standards wissenschaftlicher Kommunikation beziehungsweise um ein argumentum ad hominem handelt, welches gegen die in D vorausgesetzte Wertneutralitätsforderung W verstoßen würde, kann kontrovers diskutiert werden: Forrest beschreibt in ihrem Beitrag, welche Methoden die Vertreter des ID verwenden, um die Designhypothese in der Öffentlichkeit als eine wissenschaftliche Hypothese zu präsentieren. In diesem Zusammenhang stellt sie fest, dass Beckwith erst eine finanzielle Unterstützung vom *Discovery Institute* erhielt, um einen Masterabschluss in Juridical Studies zu erwerben, und später als verfassungsrechtliche Autorität präsentiert wurde. Gleichzeitig macht Forrest darauf aufmerksam, dass Beckwith mit dem M.J.S. nicht als Volljurist qualifiziert ist. Dieser wissenschaftssoziologischen Perspektive folgend, weist sie auch darauf hin, dass die Konvertierung von Beckwith zum Katholizismus zu erheblichen Protesten innerhalb der dominierenden Fraktion der evangelikalen Christen in der Intelligent-Design-Bewegung führte, um deren (internen) theologischen Exklusivismus zu belegen.[340]

Das Vorgehen von Forrest provozierte m. E. zu Recht Kritik, denn Beckwith kann erstens nicht dafür verantwortlich gemacht werden, wenn er als verfassungsrechtliche Autorität angeführt wird, obwohl er in diesem Fachbereich weniger qualifiziert ist als andere Rechtswissenschaftler. Zweitens schließen seine akademischen Qualifikationen nicht aus, dass er juristisch korrekte Kommentare verfasst, in denen für die Sache des ID argumentiert wird. Ein erklärendes Wort von Forrest wäre dementsprechend durchaus wünschenswert gewesen, um ihr wissenschaftssoziologisches Vorgehen nicht mit dem Versuch der Denunziation zu verwechseln. Ich neige hier zu der Auffassung, dass diese Intention bei Forrest nicht vorlag. Vielmehr scheint es sich um eine passionierte Kritik zu handeln, die tatsächlich grenzwertig ist. In jedem Fall bedarf sie deswegen einer Erläuterung, wenn nicht gar der Streichung.[341]

Leiter, der den ganzen Vorfall auf seiner privaten Internetseite kommentierte, zog aus dem kritischen Vorwort die Konsequenz, Synthese aufgrund der fragwürdigen Publikationspraktiken der Chefeditoren zu boykottieren. Er rief am 18. April 2011 zusammen mit John Wilkins zum allgemeinen Boykott von *Synthese* auf, und wendete sich zeitgleich mit einer öffentlichen Petition an die Chefeditoren.[342]

---

339 Zit. Forrest (2011), S. 333 f.

340 Forrest (2011), S. 372 f.

341 Forrest (2011), S. 333.

342 Vgl. http://leiterreports.typepad.com/blog/2011/04/synthese-editors-cave-in-to-pressure-from-the-intelligent-design-lobby.html abgerufen am 6. September 2012); http://www.petitiononline.com/Synthese/petition.html abgerufen am 6. September 2012).

Wir haben damit eine grobe Übersicht über den Vorfall, der es bis in die Berichterstattung der *The New York Times* schaffte, und können die Frage stellen, worin das Skandalon der Angelegenheit besteht.[343] Ich tendiere wie gesagt zu der Auffassung, dass Forrest nicht intendierte, Beckwith zu diskreditieren, jedoch eine Erläuterung ihrer Kritik geboten gewesen wäre. Ferner kann die Anschuldigung des Verstoßes gegen die besagten Standards als willkommener Versuch der Diskreditierung einer scharfen Kritikerin des ID interpretiert werden, deren langjährige Auseinandersetzung mit dem modernen Kreationismus nicht zuletzt vor Gericht gewürdigt wurde.

Der Soziologe John Thompson hat für einen solchen Vorfall einen passenden Begriff parat, nämlich den der »Grenzüberschreitung zweiter Ordnung«.[344] Dadurch wird das Phänomen bezeichnet, dass ein Skandal erst durch den Versuch entsteht, einen befürchteten Skandal zu vermeiden. Skandalmanagement selbst wird damit zum Skandalon. Wir erlebten dies 2011, worauf auch Pörksen und Detel hinweisen, mit Karl-Theodor zu Guttenberg, dessen Skandalmanagement um seine plagiierte Dissertation gerade deswegen scheiterte, weil er seine – offensichtliche – Verfehlung nicht sofort einräumte.[345] Trotzdem möchte ich die Frage aufwerfen, ob der Aufruf zum Boykott einer traditionsreichen Fachzeitschrift, die letztlich auch ein Medium dafür ist, die rationale Diskussion kreationistischer Vorstellungen zu ermöglichen, eine angemessene Reaktion darstellt, um auf das durchaus kritische Verhalten der Chefeditoren zu reagieren. Skandalmanagement – wenn man diesen neudeutschen Begriff verwenden möchte – bedeutet nicht nur die Vermeidung einer Eskalation durch den Angeklagten, sondern auch die verantwortungsvolle Kritik durch den Kläger. Eine verantwortungsvolle Kritik könnte im Fall des Synthese-Vorfalls in den Forderungen münden, verbindliche Regelungen bezüglich der Kompetenzaufteilung für die editorische Praxis festzulegen. Begründet wäre das hinreichend durch das sachlich falsche Vorwort, welches die verantwortlichen Gasteditoren überging und die Mehrzahl der Autoren unter den Generalverdacht stellte, die etablierten Standards wissenschaftlicher Kommunikation nicht befolgt zu haben.

Skandalbildend wirkten letztendlich drei Dinge, nämlich die passionierte und suggestive Kritik durch Forrest, der Versuch der Vermeidung der Skandalbildung durch Hendricks und nicht zuletzt die skandalsuchende Kommentierung des Vorfalls durch Leiter.

---

343 Oppenheimer (2011), S. 20.

344 Thompson (2000), S. 22-24.

345 Pörksen / Detel (2011). Vgl. Auch Lepsius / Meyer-Kalkus (2011, Hg.) und Preuß / Schultz (2011).

Schlussteil

Zusammenfassung

In der vorliegenden Untersuchung wurde der Versuch unternommen, die Frage nach der Möglichkeit der Unterscheidung von Wissenschaft und Pseudowissenschaft zu beantworten (F). Weil das Demarkationsproblem keiner einfachen Lösung zugänglich ist und explizite Definitionen von »Pseudowissenschaft« notorisch kontroverse Gegenstände philosophischer Fachdiskussionen sind, wurde die Entwicklung einer Methode der Abgrenzung von Wissenschaft und Pseudowissenschaft angestrebt. Mit aller Vorsicht können die zentralen Ergebnisse so zusammengefasst werden, womit zuletzt doch eine hinreichend explizite Definition von Pseudowissenschaft gegeben wird:

> Definition »Pseudowissenschaft«: Ein Bewertungsgegenstand ist genau dann pseudowissenschaftlich, wenn er ein systematisches Defizit aufweist, d. h. (i) nicht hinreichende oder nicht optimale Mittel zur Findung von möglichst wahren und gehaltvollen Aussagen, Gesetzen oder Theorien über einen empirischen Gegenstandsbereich involviert und (ii) eine täuschende Absicht erkennen lässt.
>
> (i) und (ii) sind holistische Phänomene und in D wird vor dem Hintergrund der philosophischen Annahmen von Schurz (Z, E_1 bis E_5, M_1 bis M_4 und W) sowie spezieller Kriterien eine Bewertungsheuristik (H_1 bis H_4) vorgeschlagen, die der Feststellung von (i) und (ii) dient.

Kritische Einwände

D erfüllt die drei funktionalen Anforderungen A_1 bis A_3, die zu Beginn an eine Demarkationstheorie gestellt wurden, denn D erlaubt im Einzelfall die Abgrenzung von Wissenschaft und Pseudowissenschaft anhand der Bewertung des wissenschaftlichen Status einer adäquaten Rekonstruktion einer mutmaßlichen Pseudowissenschaft (Abgrenzungsfunktion / A_1). Dafür gibt D eine Methode der Abgrenzung vor, nämlich die Bewertungsheuristik H_1 bis H_4, welche dem Bewertungsvorgang eine systematische Form gibt (Orientierungsfunktion / A_2). Zudem werden diese Methode und die intuitiv eingeführten terminologischen Unterscheidungen vor dem Hintergrund der philosophischen Annahmen von Schurz (E_1 bis E_5, Z, M_1 bis M_4 und W) theoretisch fundiert (Rechtfertigungsfunktion / A_3).

Damit weist D verschiedene Vorzüge gegenüber alternativen Ansätzen auf. So wird (1) mit D eine einheitliche Theorie vorgeschlagen, die nicht nur aus einer bloßen Liste von Demarkationskriterien besteht. Vielmehr werden die als Bewertungskriterien herangezogenen wissenschaftsinternen Normen, die der Bestimmung des wissenschaftlichen Status einer mutmaßlichen Pseudowissenschaft dienen, aus den von Schurz rational rekonstruierten philosophischen Annahmen gewonnen. Diese Annahmen werden (2) explizit genannt und bedeuten somit die Explikation der normativen Grundlagen von D. Mit der Bewertungsheuristik wird (3) die normative Praxis des Bewertungsvorgangs in eine systematische Form gebracht, wodurch eine differenziert Kritik möglich ist und D als ein anwendungszentrierter Ansatz erwiesen wird. Außerdem wird (4) mit der Feststellung, dass der Bewertungsnutzen von D in der Diagnose eines eventuell vorhandenen systematischen Defizits besteht, die Bedeutung von »Pseudowissenschaft« konkretisiert.

Trotz dieser Vorzüge können kritische Einwände gegen D vorgebracht werden, wobei ich mich auf drei Kritikpunkte konzentriere: Es könnte bemängelt werden, dass es sich bei D lediglich um eine evasive Strategie handeln würde. Ohne eine explizite Definition von »Pseudowissenschaft« weicht D der Wesensfrage „Was ist Pseudowissenschaft?“ aus. Da jedoch die Wesensfrage bezüglich der hinreichenden und notwendigen Charakteristika von Pseudowissenschaft mit dem Konzept des systematischen Defizits hinreichend bestimmt und durch eine Bewertungsheuristik ergänzt wurde, welche die Erkenntnisfrage „Ist dies eine Pseudowissenschaft?“ beantworten soll, kann die Kritik von D als evasiver Strategie abgewehrt werden. Eine Verschärfung dieser Kritik besteht in der Frage, was der Schwellenwert des systematischen Defizits ist. Wie bereits festgestellt wurde, besteht unter Wissenschaftstheoretikern ein breiter rationaler Konsens über die Musterbeispiele für Pseudowissenschaft. D zielt mit der Bewertungsheuristik auf die normative Praxis der Bewertung ab und damit auch auf den Nachweis ihrer Rationalität. Die Annahme, dass die Notwendigkeit bestünde, einen Schwellenwert anzugeben, der eine harte Grenze zwischen Wissenschaft und Pseudowissenschaft zieht, bedarf ihrerseits einer guten Rechtfertigung. Warum sollte es nicht auch vage Fälle geben? Warum sollte man nicht die Annahme vertreten, dass Grauschattierungen zwischen Wissenschaft und Pseudowissenschaft existieren?

Mit Blick auf die Bewertung des wissenschaftlichen Status des ID, dessen Bestimmung in der vorliegenden Untersuchung als Anwendungsfall für D verwendet wurde, könnte gefragt werden, warum das von Schurz formulierte Voraussagekriterium (K_{nV}) nicht hinreichend ist, um zwischen Wissenschaft und Pseudowissenschaft zu unterscheiden. Reicht die Angabe von K_{nV} nicht aus, um F zu beantworten? M. E. ist K_{nV} ein wichtiges Werkzeug, um das kognitive Versagen von verschiedenen Pseudowissenschaften zu diagnostizieren, weswegen es auch in 3.2.2. verwendet wurde. Dennoch reicht die Angabe von K_{nV} nicht aus, um F zu beantworten, weil das Voraussagekriterium den Täuschungsaspekt genauso unberücksichtigt lässt wie die Möglichkeit der Kritik durch verhaltensbezogene Bewertungskriterien, für deren Relevanz zuvor argumentiert wurde. Zudem würden durch die ausschließliche Verwendung von K_{nV} zur Unterscheidung von Wissenschaft und Pseudowissenschaft rational bestätigungsfähige Hypothesen von Pseudowissenschaften nicht als pseudowissenschaftlich gelten. Als ein Instrument zur Beantwortung der Kernfrage nach dem epistemischen Status, die im Zentrum der Definition eines »systematischen Defizits« steht, ist K_{nV} jedoch sicherlich zielführend.

Zuletzt könnte kritisiert werden, dass in D nicht hinreichend zwischen unwissenschaftlichem Verhalten (wissenschaftlichem Fehlverhalten) und Pseudowissenschaft unterschieden werden würde. Eine Antwort auf diese Kritik müsste beispielsweise präzisieren, was das täuschende Verhalten eines datenfälschenden Wissenschaftlers vom täuschenden Verhalten eines Pseudowissenschaftlers unterscheidet. Pseudowissenschaftler, so könnte hier argumentiert werden, täuschen über den wissenschaftlichen Status einer Theorie, die bereits von einer breiten Mehrheit aus guten Gründen abgelehnt wird. Wohingegen es im Fall von Plagiaten oder Datenfälschung eher selten ist, dass für eine deviante Theorie argumentiert wird. Oft zielen Plagiate und Datenfälschungen gerade nicht darauf ab, neue Hypothesen oder Theorien zu bestätigen, weil sie sich damit dem Risiko aussetzen würden, durch die kritische Überprüfung in der Forschergemeinschaft aufzufallen. Eine andere Reaktionen auf diese Kritik könnte in der Präzisierung der allgemeinen Rede von wissenschaftsinternen und wissenschaftsexternen Zusammenhängen bestehen. Ferner könnte die Rückfrage gestellt werden, warum nicht ein Schnittbereich zwischen beiden Pseudowissenschaft und wissenschaftlichem Fehlverhalten denkbar ist.

Trotz dieser Kritikpunkte hoffe ich mit D eine Demarkationstheorie formuliert zu haben, die als Antwort auf die untersuchungsleitende Frage F nach der Möglichkeit der Unterscheidung von Wissenschaft und Pseudowissenschaft gelten kann. Zuletzt bleibt mir nur die Feststellung, dass das philosophische Denken über normative Demarkationsprobleme in der persönlichen Frage nach der eigenen professionellen Integrität mündet: Stehe ich auf der richtigen Seite der Grundlinie?

Literaturverzeichnis

Ariëns, E. J. (1991): „Homöopathie – eine paranormale Heilweise“. In: Eberlein, G. L. (1991, Hg.): *Schulwissenschaft Parawissenschaft Pseudowissenschaft. Wissenschaftliche Verlagsgesellschaft*, Stuttgart.

Ash, M. G. (2008): „Pseudowissenschaft als historische Größe. Ein Abschlusskommentar“. In: Rupnow, D. et al. (2008, Hg.): *Pseudowissenschaft*. Suhrkamp, Frankfurt am Main.

Bauer, E. (1991): „Zwischen Devianz und Orthodoxie. Versuch einer Standortbestimmung der Parapsychologie“. In: Eberlein, G. L. (1991, Hg.): *Schulwissenschaft Parawissenschaft Pseudowissenschaft*. Wissenschaftliche Verlagsgesellschaft, Stuttgart.

Behe, M. (2001): “Reply to My Critics: A Response to Reviews of Darwin's Black Box: The Biochemical Challenge to Evolution”. In: *Biology and Philosophy*, 16. Kluwer Academic Publishers, Netherlands (2001). (http://homes.chass.utoronto.ca/~sousa/teach/BEHE.pdf, abgerufen am 13. August 2012).

Behe, M. (2005): „Kitzmiller V. Dover Area School District Expert Witness Testimony“. In: Ruse, M. / Pennock, R. T. (2009, Hg.): *But is it science? The philosophical question in the creation/evolution controversy*. Prometheus Books, London.

Behe, M. (2006): *Darwin's Black Box – The Biochemical Challenge to Evolution*. Nachdruck der Auflage von 1996 mit neuem Nachwort. Free Press, New York.

Betz, H.-D. / König, H.L. (1991): „Rutengänger und Erdstrahlen – ein Thema für die Wissenschaft? Ergebnisse eines neuen Forschungsprojekts“. In: Eberlein, G. L. (1991, Hg.): *Schulwissenschaft Parawissenschaft Pseudowissenschaft*. Wissenschaftliche Verlagsgesellschaft, Stuttgart.

Bird, A. (1998): *Philosophy of Science*. McGill-Queen's University Press, London.

Bohley, J. (2008): „Klopfzeichen, Experiment, Apparat. Geisterbefragung im deutschen Spiritismus der 1850 Jahre“. In: Rupnow, D. et al. (2008, Hg.): *Pseudowissenschaft*. Suhrkamp, Frankfurt am Main.

Bunge, M. (1982): “Demarcating Science from Pseudoscience”. In: *Fundamenta Scientiae*, Vol. 3. Pergamon Press, Montreal.

Blasche, S. (2004): „Werteuteilsstreit“. In: Mittelstraß, J. (2004, Hg.): *Enzyklopädie Philosophie und Wissenschaftstheorie*. Band IV. J. B. Metzler, Stuttgart.

Brauer, M. / Forrest, B. / Grey, S. (2005): “Is It Science Yet?: Intelligent Design Creationism and the Constitution”. In: *Washington University Law Review*. Volume 83, I.

Branch, G. (2011): “Introduction”. In: *Synthese*, Volume 178, II., 2011.

Brown, H. I. (2001): “Judgment, Role in Science”. In: Newton-Smith, W. H. (2000, Hg.): *A Companion to the Philosophy of Science*. Blackwell, Oxford.

Carrier, M. (1995 a): “Verifikation”. In: Mittelstraß, J. (2004, Hg.): *Enzyklopädie Philosophie und Wissenschaftstheorie*. Band IV. J. B. Metzler, Stuttgart.

Carrier, M. (1995 b): „Verifizierbar / Verifizierbarkeit“. In: Mittelstraß, J. (2004, Hg.): *Enzyklopädie Philosophie und Wissenschaftstheorie*. Band IV. J.B. Metzler, Stuttgart.

Chalmers, A. F. (1999): *Grenzen der Wissenschaft*. Springer, Heidelberg. (engl. Original: Chalmers, A. F. (1990): *Science and its Fabrication*. Open University Press, Buckingham.

Christian, A. (2011a): *Kreationismus und Intelligent Design bei Philip Kitcher*. [Unveröffentlichte Bachelorarbeit].

Christian, A. (2011b): “The Scientific Status of Intelligent Design”. Vortrag, 10.09.2011, SOPhiA 2011 – Salzburg Conference for Young Analytic Philosophy 2011, University of Salzburg.

Craig, W. (2001): “Design and the anthropic fine-tuning of the universe”. In: Manson, N.E. (2003, Hg.): *God and Design – The teleological argument and modern science*. Routledge, London.

Collins, R. (2001): “Evidence for fine-tuning”. In: Manson, N.E. (2003, Hg.): *God and Design – The teleological argument and modern science*. Routledge, London.

Curd, M. / Cover, J. A. (1998, Hg.): *Philosophy of Science – The Central Issues*. W. W. Norton, London.

Davis, P. / Kenyon, D. (1993): *Of Pandas and People*. Second Edition. FTE, Richardson, Texas.

Davies, P. (1995): „The appearance of Design in physics and cosmology“. In: Manson, N.E. (2003, Hg.): *God and Design – The teleological argument and modern science*. Routledge, London.

Dawkins, R. (1986): *The blind Watchmaker – Why the Evidence of Evolution Reveals a Universe Without Design*. W. W. Norton, New York.

Dawkins, R. (2007): *Der Gotteswahn*. Ullstein, Berlin.

Dawkins, R. (2008): *Der blinde Uhrmacher – Warum die Erkenntnisse der Evolutionstheorie zeigen, daß das Universum nicht durch Design entstanden ist.* dtv, München.

Dembsi (1998 a, Hg.): *Mere Creation: Science, Faith and Intelligent Design.* InterVasity Press, Downers Grove.

Dembski, W. (1998b): *The Design Inference.* Cambridge University Press, Harvard.

Dembski, W. (2005): "In Defense of Intelligent Design". Center for Science and Theology Southern Baptist Theological Seminary, Louisille, Kentucky. (http://www.designinference.com/documents/2005.06.Defense_of_ID.pdf, abgerufen am 21. August 2012).

Dembski, W. / Wells, J. (2006): "The Design of Life: Discovering Signs of Inelligence". In *Biological Systems. Foundation for Thought and Ethics*, Richardson, Texas.

Derkson, A. A. (1993): "The sevens sins of pseudoscience". In: *Journal for General Philosophy of Science*, 24.

Deutscher Hochschulverband: *Gemeinsames Positionspapier des Allgemeinen Fakultätentags (AFT), der Fakultätentage und des Deutschen Hochschulverbands (DHV) vom 9. Juli 2012: Gute wissenschaftliche Praxis für das Verfassen wissenschaftlicher Qualifikationsarbeiten.* (http://www.hochschulverband.de/cms1/uploads/media/Gute_wiss._Praxis_Fakultaetentage_01.pdf, abgerufen am 10. August 2012).

Eberlein, G. L. (1991, Hg.): *Schulwissenschaft Parawissenschaft Pseudowissenschaft.* Wissenschaftliche Verlagsgesellschaft, Stuttgart.

Eberlein, G. L. (1991): „Schulwissenschaft – Parawissenschaft – Pseudowissenschaft". In: Eberlein, G. L. (1991, Hg.): *Schulwissenschaft Parawissenschaft Pseudowissenschaft.* Wissenschaftliche Verlagsgesellschaft, Stuttgart.

Elsberry, W. / Shallit, J. (2011): "Information theory, evolutionary computation, and Dembski's 'complex specified informatition'". In: *Synthese*, Volume 178, II., 2011.

Erdbeer, R. M. (2008): „Epistemisches Prekariat. Die qualitas occulta Reichenbachs und Fechners Traum vom Od". In: Rupnow, D. et al. (2008, Hg.): *Pseudowissenschaft.* Suhrkamp, Frankfurt am Main.

Fetzer, J. H. (2011): "Evolution and atheism: Has Griffin reconciled science and religion?" In: *Synthese*, Volume 178, II., 2011.

Forrest, B. / Gross, P. R. (2004): *Creationism's Trojan Horse: The Wedge of Intelligent Design.* Oxford University Press, NewYork.

Forrest, B. (2011): "The non-epistemology of intelligent design: its implications for public policy". In: *Synthese*, Volume 178, II., 2011.

Forstner, C. (2008): „Ein Außenseiter und Pseudowissenschaftler? David Bohms Quantenmechanik im Kalten Krieg“. In: Rupnow, D. et al. (2008, Hg.): *Pseudowissenschaft*. Suhrkamp, Frankfurt am Main.

Gabriel, G. (1995): „Scheinprobleme“. In: Mittelstraß, J. (2004, Hg.): *Enzyklopädie Philosophie und Wissenschaftstheorie*. Band III. J. B. Metzler, Stuttgart.

Gebhardt, K.-H. (1991): „Beweisbare Homöopathie“. In: Eberlein, G. L. (1991, Hg.): *Schulwissenschaft Parawissenschaft Pseudowissenschaft*. Wissenschaftliche Verlagsgesellschaft, Stuttgart.

Geier, M. (1992): *Der Wiener Kreis*. Rowohlt, Reinbeck bei Hamburg.

Glymour, C. / Stalker, D. (1990): Winning through Pseudoscience. In: Grim, P. (1990, Hg.): *Philosophy of Science and the Occult*. Statue University Press of New York Press, New York.

Grim, P. (1990, Hg.): *Philosophy of Science and the Occult*. Statue University Press of New York Press, New York.

Gross, B. R. (1983): „Commentary: Philosophers at the Bar – Some Reasons for Restraint“. In: Ruse, M. / Pennock, R. T. (2009, Hg.): *But is it science? The philosophical question in the creation/evolution controversy*. Prometheus Books, London.

Grove, J. W. (1985): “Rationality at Risk: Science against Pseudoscience”. In: *Minerva*, 23.

Gruenberg, F. J. (1964): “A measure for crackpots”. In: *Science*, 145.

Hagner, M. (2008): „Bye-bye science, welcome pseudoscience. Reflexionen über einen beschädigten Status“. In: Rupnow, D. et al. (2008, Hg.): *Pseudowissenschaft*. Suhrkamp, Frankfurt am Main.

Harisch, G. / Kretschmer, M. (1991): „Biochemische Grundlagenuntersuchung zur Wirkung kleinster Stoffmengen. Das Handikap der mangelnden Plausibilität in der Homöopathieforschung“. In: Eberlein, G. L. (1991, Hg.): *Schulwissenschaft Parawissenschaft Pseudowissenschaft. Wissenschaftliche* Verlagsgesellschaft, Stuttgart.

Hansson, S. O. (2008): “Science and Pseudoscience”. In: *Stanford Encyclopedia of Philosophy*. (http://plato.stanford.edu/entries/pseudo-science/, abgerufen am 23.03.2011)

Heinrich-Heine-Universität Düsseldorf, Rektor. *Amtliche Bekanntmachung vom 28. Juni 2002* (Nr. 14/2002): *Grundsätze zur Sicherung guter wissenschaftlicher Praxis an der Heinrich-Heine-Universität Düsseldorf vom 27. Juni 2002*. [Zitiert als HHU (2012)].

Hesketh, I. (2009): *Of Apes and Ancestors: Evolution, Christianity, and the Oxford Debate*. University of Toronto Press, Toronto.

Hines, T. (2003): *Pseudoscience and the Paranormal*. Second Edition. Prometheus Books, New York.

Hügli, A. / Lübcke, P. (2003, Hg.): *Philosophielexikon*. Rowohlt, Reinbeck bei Hamburg.

Janich, P. (2004): „Falsifikation". In: Mittelstraß, J. (2004, Hg.): *Enzyklopädie Philosophie und Wissenschaftstheorie*. Band I. J. B. Metzler, Stuttgart.

Junker, R. / Scherer, S. (2006): *Evolution – ein kritisches Lehrbuch*. 6. aktualisierte und erweiterte Auflage. Weyel-Verlag, Gießen.

Kaufmann, R. (1991): „Erdstrahlen und kein Ende. Vom Umgang mit schwer faßbaren Phänomenen". In: Eberlein, G. L. (1991, Hg.): *Schulwissenschaft Parawissenschaft Pseudowissenschaft*. Wissenschaftliche Verlagsgesellschaft, Stuttgart.

Kambartel, F. (1995): „Wissenschaft". In: Mittelstraß, J. (2004, Hg.): *Enzyklopädie Philosophie und Wissenschaftstheorie*. Band IV. J. B. Metzler, Stuttgart.

Kambartel, F. / Carrier, M. (1995a): „Verifikationsprinzip". In: Mittelstraß, J. (2004, Hg.): *Enzyklopädie Philosophie und Wissenschaftstheorie*. Band IV. J. B. Metzler, Stuttgart.

Kambartel, F. / Carrier, M. (1995b): „Sinnkriterium, empiristisches". In: Mittelstraß, J. (2004, Hg.): *Enzyklopädie Philosophie und Wissenschaftstheorie*. Band IV. J. B. Metzler, Stuttgart.

Kanitscheider, B. (1991a): „Astrologie in wissenschaftstheoretischer Perspektive". In: Eberlein, G. L. (1991, Hg.): *Schulwissenschaft Parawissenschaft Pseudowissenschaft*. Wissenschaftliche Verlagsgesellschaft, Stuttgart.

Kanitscheider, B. (1991b): „Keine Wissenschaft – vielleicht Lebenshilfe". In: Eberlein, G. L. (1991, Hg.): *Schulwissenschaft Parawissenschaft Pseudowissenschaft*. Wissenschaftliche Verlagsgesellschaft, Stuttgart.

Kitcher, P. (1982): *Abusing Science*. Cambridge University Press, Cambridge.

Kitcher, P. (1985): "Darwin's Achievement". In: Rescher, N. (1985, Hg.): *Reason and Rationality in Science*. University Press of Amercia, Washington.

Kitcher, P. (2001): "Born-again creationism". In: Pennock, R. T. (2001, Hg.): *Intelligent Design Creationism and its Critics: Philosophical, Theological, and Scientific Perspectives*. MIT Press, Cambridge.

Kitcher, P. (2007): *Living with Darwin – Evolution, Design, and the Future of Faith*. Oxford University Press, Oxford.

Kitcher, P. (2008): „Darwins Herausforderer. Über Intelligent Design oder: Woran man Pseudowissenschaftler erkennt". In: Rupnow, D. et al. (2008, Hg.): *Pseudowissenschaft*. Suhrkamp, Frankfurt am Main.

Kitcher, P. (2009): *Mit Darwin Leben – Evolution, Intelligent Design und die Zukunft des Glaubens*. Suhrkamp, Frankfurt am Main.

Kuhn, T. S. (1970): "Logic of Discovery or Psychology of Research?". In: Curd, M. / Cover, J. A. (1998, Hg.): *Philosophy of Science. The Central Issues.* Norton, London.

Kuipers, T. (2007, Hg.): *Handbook of the Philosophy of Science: General Philosophy of Science – Focal Issues. Elsevier*, Amsterdam.

Laudan, L. (1982): "Commentary: Science at the Bar – Cause for Concern". In: Curd, M. / Cover, J. A. (1998, Hg.): *Philosophy of Science. The Central Issues.* Norton, London.

Laudan, L. (1983a): "The Demise of the Demarcation Problem". In: Ruse, M. / Pennock, R. T. (2009, Hg.): *But is it science? The philosophical question in the creation/evolution controversy.* Prometheus Books, London.

Laudan, L. (1983b): "More on Creationism". In: Ruse, M. / Pennock, R. T. (2009, Hg.): *But is it science? The philosophical question in the creation/evolution controversy.* Prometheus Books, London.

Lakatos, I. (1973): "Science and Pseudoscience". In: Curd, M. / Cover, J. A. (1998, Hg.): *Philosophy of Science. The Central Issues.* Norton, London.

Langmuir, I. (1989): "Pathological Science". In: *Physics Today*, 42, Oktober.

Lepsius, O. / Meyer-Kalkus, R. (2011, Hg.): *Inszenierung als Beruf – Der Fall Guttenberg.* Suhrkamp, Berlin.

Lipphard, V. (2008): „Das »schwarze Schaf« der Biowissenschaften. Marginalisierung und Rehabilitierung der Rassenbiologie im 20. Jahrhundert". In: Rupnow, D. et al. (2008, Hg.): *Pseudowissenschaft.* Suhrkamp, Frankfurt am Main.

Lorenz, K. (1995): „Abgrenzungskriterium". In: Mittelstraß, J. (2004, Hg.): *Enzyklopädie Philosophie und Wissenschaftstheorie.* Band I. J. B. Metzler, Stuttgart.

Löb, H. (1991): „Erdstrahlen und Wünschelruten". In: Eberlein, G. L. (1991, Hg.): *Schulwissenschaft Parawissenschaft Pseudowissenschaft. Wissenschaftliche* Verlagsgesellschaft, Stuttgart.

MacRobert, A. (1982): "A Skeptic's Guide to New Age Hokum". In: Vermont Vanguard Press, 2. September. S. 46-49. (http://findarticles.com/p/articles/mi_m1510/is_vNON4/ai_4436757/?tag=content;col1, abgerufen am 24. August 2012)

Mahner, M. (2007): "Demarcating Science from Non-Science". In: Kuipers, T. (2007, Hg.): *Handbook of the Philosophy of Science: General Philosophy of Science – Focal Issues.* Elsevier, Amsterdam.

Manson, N. E. (2003, Hg.): *God and Design – The teleological argument and modern science.* Routledge, London.

Matzke, N. (2009): "But isn't it creationism? The Beginnings of "Intelligent Design" in the midst of the Arkansas and Louisiana Litigation". In: Ruse, M. /

Pennock, R. T. (2009, Hg.): *But is it science? The philosophical question in the creation/evolution controversy*. Prometheus Books, London.

McMullin, E. (2000): “Values in Science”. In: Newton-Smith, W. H. (2000, Hg.): *A Companion to the Philosophy of Science*. Blackwell, Oxford.

Mittelstraß, J. (2004, Hg.): *Enzyklopädie Philosophie und Wissenschaftstheorie*. J. B. Metzler, Stuttgart.

Moulines, C. U. (2008): *Die Entwicklung der modernen Wissenschaftstheorie (1890 – 2000). Eine historische Einführung*. LIT, Münster.

Newton-Smith, W. H. (2000, Hg.): *A Companion to the Philosophy of Science*. Blackwell, Oxford.

Niehenke, P. (1991): „Astrologie – ein altes Menschheitswissen“. In: Eberlein, G. L. (1991, Hg.): *Schulwissenschaft Parawissenschaft Pseudowissenschaft*. Wissenschaftliche Verlagsgesellschaft, Stuttgart.

Numbers, R. L. (1982): “The Creationists”. In: Ruse, M. / Pennock, R. T. (2009, Hg.): *But is it science? The philosophical question in the creation/evolution controversy*. Prometheus Books, London.

Number, R. L. (1992): *The Creationists: The Evolution of Scientific Creationism*. Knopf, NewYork.

Numbers, R. L. (1998): *Darwinism Comes to America*. Harvard University Press, Cambridge.

Numbers, R. L. (2006): *The Creationists; From Scientific Creationism to Intelligent Design*. Harvard University Press, Cambridge.

Oppenheimer, M. (2011): “Beliefs; Debate Over Intelligent Design Ensnares a Journal”. In: *The New York Times* (14 Mai 2011), New York.

Okasha, S. (2002): *Philosophy of Science – A Very Short Introduction*. Oxford University Press, Oxford.

Overton, W. R. (1982): “United States District Court Opinion: McLean V. Arkansas Board of Education”. In: Ruse, M. / Pennock, R. T. (2009, Hg.): *But is it science? The philosophical question in the creation/evolution controversy*. Prometheus Books, London.

Pallen, M. J. / Matzke, N. J. (2006): “From The Origin of Species to the origin of bacterial flagella”. In: *Nature Reviews Microbioloy*, 4. (10). (http://www.talkdesign.org/faqs/flagellum.html#update, abgerufen am 12. August 2012).

Pennock, R. T. (2005), „Kitzmiller V. Dover Area School District Expert Report“. In: Ruse, M. / Pennock, R. T. (2009, Hg.): *But is it science? The philosophical question in the creation/evolution controversy*. Prometheus Books, London.

Pennock, R. T. (2011): “Can’t philosophers tell the difference between science and religion? Demarcation revisited”. In: *Synthese*, Volume 178, II., 2011.

Popper, R. (1935): *Logik der Forschung.* Nachdruck 2004 bei Mohr Siebeck, Frankfurt am Main.

Popper, K. (1963): "Conjectures and Refutation". In: Curd, M. / Cover, J. A. (1998, Hg.): *Philosophy of Science. The Central Issues.* Norton, London.

Pörksen, B. / Detel, H. (2011): „Evidenzerfahrung für alle – Das kontraproduktie Kriesenmanagement des Verteidigungsministers und die Logik der Skandalisierung im digitalen Zeitaler". In: Lepsius, O. / Meyer-Kalkus, R. (2011, Hg.): *Inszenierung als Beruf – Der Fall Guttenberg.* Suhrkamp, Berlin.

Preuß, R. / Schultz, T. (2011): *Guttenbergs Fall – Der Skandal und seine Folgen für Politik und Gesellschaft.* Gütersloher Verlagshaus, Gütersloh.

Psillos, S. (2007): *Philosophy of Science A-Z.* Edinburgh University Press, Edinburgh.

Psillos, S. / Curd, M. (2008, Hg.): *The Routledge Companion to Philosophy of Science.* Routledge, London.

Radner, D. / Radner, M. (1982) *Science and Unreason.* Wadsworth, Belmont.

Regan, T. (2004): *The Case For Animal Rights.* Updates with A New Preface. 2. Edition. University of California Press, Berkeley.

Regenbogen, A. / Meyer, U. (2005, Hg.): *Wörterbuch der philosophischen Begriffe.* Meiner, Hamburg.

Rehfuß, W. D. (2003, Hg.): *Handwörterbuch Philosophie.* UTB Vandenhoeck & Ruprecht, Göttingen.

Rothbart, D. (1990): "Demarcating Genuine Science from Pseudoscience". In: Grim, P. (1990, Hg.): *Philosophy of Science and the Occult.* Statue University Press of New York Press, New York.

Ruse, M. (1982a): "Witness Testimony Sheet: McLean v. Arkansas Board of Education". In: Ruse, M. / Pennock, R. T. (2009, Hg.): *But is it science? The philosophical question in the creation/evolution controversy.* Prometheus Books, London.

Ruse, M. (1982b): "Response to the Commentary: Pro Justice". In: Curd, M. / Cover, J. A. (1998, Hg.): *Philosophy of Science. The Central Issues.* Norton, London.

Ruse, M. (1982c): "Creation-Science Is Not Science". In: Curd, M. / Cover, J. A. (1998, Hg.): *Philosophy of Science. The Central Issues.* Norton, London.

Ruse, M. (1996): "Karl Poppers Philosophy of Biology". In: Ruse, M. / Pennock, R. T. (2009, Hg.): *But is it science? The philosophical question in the creation/evolution controversy.* Prometheus Books, London.

Ruse, M. (2003): *Darwin and Design – Does Evolution Have a Purpose?* Harvard University Press, Cambridge.

Ruse, M. / Dembski, W. (2004, Hg.) *Debating Design: From Darwin to DNA.* Cambridge University Press, New York.

Ruse, M. (2006): *The Evolution-Creation Struggle*. Harvard University Press, Cambridge.

Ruse, M. (2007): "Creationism". In: *Stanford Encyclopedia of Philosophy*. (http://plato.stanford.edu/entries/creationism/#IntDesTraCre abgerufen am 27.Juli 2012)

Ruse, M. / Pennock, R. T. (2009, Hg.): *But is it science? The philosophical question in the creation/evolution controversy*. Prometheus Books, London.

Rupnow, D. et al. (2008, Hg.): *Pseudowissenschaft*. Suhrkamp, Frankfurt am Main.

Rupnow, D. (2008): »Pseudowissenschaft« als Argument und Ausrede. Antijüdische Wissenschaft im »Dritten Reich« und ihre Nachgeschichte. In: Rupnow, D. et al. (2008, Hg.): *Pseudowissenschaft*. Suhrkamp, Frankfurt am Main.

Sarkar, S. (2011): "The science question in intelligent design". In: *Synthese*, Volume 178, II., 2011.

Schurz, G. (2006): *Einführung in die Wissenschaftstheorie*. WBG, Darmstadt.

Schurz, G. (2011a): *Evolution in Natur und Kultur*. Spektrum Akademischer Verlag, Darmstadt.

Schurz, G. (2011b): „Bayesian Pseudo-Confirmation, Use-Novelty, and Genuine Confirmation". (TOD Preprints 2011/2012). (http://www.phil-fak.uni-duesseldorf.de/fileadmin/Redaktion/Institute/Philosophie/Theoretische_Philosophie/Schurz/papers/2011bGenuinConf.pdf, abgerufen am 5. Oktober 2012).

Schurz, G. (2012): "Meta-Induction in epistemic Networks and the social spread of knowledge". In: *Episteme*, Volume 9 / Issue 2, 2012.

Schleiermacher, V. / Schagen, U. (2008): „Medizinische Forschung als Pseudowissenschaft. Selbstreinigungsrituale der Medizin nach dem Nürnberger Ärzteprozess". In: Rupnow, D. et al. (2008, Hg.): *Pseudowissenschaft*. Suhrkamp, Frankfurt am Main.

Schwemmer, O. (2001): „Wert (moralisch)". In: Mittelstraß, J. (2004, Hg.): *Enzyklopädie Philosophie und Wissenschaftstheorie*. Band IV. J. B. Metzler, Stuttgart.

Shanks, N. / Green, K. (2011): "Intelligent design in theological perspecitve". In: *Synthese*, Volume 178, II., 2011.

Smith, K.C. (2011): "Foiling the Black Knight". In: *Synthese*, Volume 178, II., 2011.

Smolin, L. (1997): *The Life of the Cosmos*. Weidenfeld & Nicolson, London.

Stadler, F. (1997): *Studien zum Wiener Kreis – Ursprung, Entwicklung und Wirkung des Logischen Empirismus im Kontext*. Suhrkamp, Frankfurt am Main.

Sober, E. (2007): "What is wrong with Intelligent Design?" In: Ruse, M. / Pennock, R. T. (2009, Hg.): *But is it science? The philosophical question in the creation/evolution controversy*. Prometheus Books, London.

Suppe, F. (2001): "Definitions". In: Newton-Smith, W. H. (2000, Hg.): *A Companion to the Philosophy of Science*. Blackwell, Oxford.
Tesak, G. (2003): „Falsifizieren". In: Rehfuß, W. D. (2003, Hg.): *Handwörterbuch Philosophie*. UTB Vandenhoeck & Ruprecht, Göttingen.
Thagard, P. R. (1978): Why Astrology Is a Pseudoscience. In: Curd, M. / Cover, J. A. (1998, Hg.): *Philosophy of Science. The Central Issues*. Norton, London.
Thiel, J. / Walther, Th. (2008): »Pseudowissenschaft« im Kalten Krieg. Diskreditierungsstrategien in Ost und West. In: Rupnow, D. et al. (2008, Hg.): *Pseudowissenschaft*. Suhrkamp, Frankfurt am Main.
Ward, P. / Brownlee, D. (2000): *Rare Earth – Why Complex Life is Uncommon in the Universe*. Springer, NewYork. (Ward, P. / Brownlee, D. (2001): *Unsere einsame Erde – Warum komplexes Leben im Universum unwahrscheinlich ist*. Springer, Berlin.)
Weber, B.H. (2011): "Design and its discontents". In: Synthese, Volume 178, II., 2011.
Weber, M. (1968): *Gesammelte Aufsätze zur Wissenschaftslehre*. 3. erweiterte und verbesserte Auflage. J. C. Mohr, Tübingen.
Wehner, R. / Gehring, W. (2007): *Zoologie*. 24. Auflage. Thieme, Stuttgart.
Wiesen, B. (2003): „Wissenschaft". In: Rehfuß, W. D. (2003, Hg.): *Handwörterbuch Philosophie*. UTB Vandenhoeck & Ruprecht, Göttingen.
Wilkins, J.S. (2011): "Are creationists rational?" In: *Synthese*, Volume 178, II., 2011.
Wolf, J.-C. (2005): *Tierethik – Neue Perspektiven für Menschen und Tiere*. Harald Fischer Verlag, Erlangen.
Zander, H. (2008): „Esoterische Wissenschaft um 1900. »Pseudowissenschaft« als Produkt ehemals »hochkultureller« Praxis". In: Rupnow, D. et al. (2008, Hg.): *Pseudowissenschaft*. Suhrkamp, Frankfurt am Main.

Philosophische Grundlagen der Wissenschaften und ihrer Anwendungen
Philosophical Foundations of the Sciences and Their Applications

Herausgegeben von / Edited by Gerhard Schurz

Vol./Bd. 1 Jens Paulßen: Das Problem der Kurvenanpassung. Das Balancieren der Ansprüche der Einfachheit und der Genauigkeit. 2011.

Vol./Bd. 2 Matthias Rosner: Theorien zur Gestaltung der modernen Organisation. Eine interdisziplinäre Perspektive. 2011.

Vol./Bd. 3 Alexander Christian: Wissenschaft und Pseudowissenschaft. Ein Beitrag zum Demarkationsproblem. 2013.

www.peterlang.de